园艺植物病害学
实验指导

YUANYI ZHIWU BINGHAIXUE
SHIYAN ZHIDAO

主 编：李 莉　彭丽娟

副主编：郑 伟　姚雍静　唐 明　王仁刚

参编人员（排名不分先后）：

段小凤　金义兰　冯 韬　江学海　康 奎
韦 云　张萌萌　李国红　吴沙沙　陈越男

西南大学出版社
国家一级出版社　全国百佳图书出版单位

图书在版编目(CIP)数据

园艺植物病害学实验指导 / 李莉, 彭丽娟主编. -- 重庆：西南大学出版社, 2024.1
ISBN 978-7-5697-1972-7

Ⅰ.①园… Ⅱ.①李…②彭… Ⅲ.①园艺作物-病虫害-实验-高等学校-教材 Ⅳ.①S436-33

中国国家版本馆CIP数据核字(2023)第226300号

园艺植物病害学实验指导

李 莉 彭丽娟 主 编

责任编辑：陈 欣
责任校对：杜珍辉
特约校对：朱司琪
装帧设计：闰江文化
排　　版：王 兴
出版发行：西南大学出版社(原西南师范大学出版社)
　　　　　网址：http://www.xdcbs.com
　　　　　地址：重庆市北碚区天生路2号
　　　　　邮编：400715
　　　　　电话：023-68868624
经　　销：全国新华书店
印　　刷：重庆亘鑫印务有限公司
幅面尺寸：195 mm×255 mm
印　　张：8
插　　页：13
字　　数：160千字
版　　次：2024年1月　第1版
印　　次：2024年1月　第1次印刷
书　　号：ISBN 978-7-5697-1972-7
定　　价：48.00元

内容简介

本书由贵州师范大学、贵州大学、贵州省果树科学研究所、贵州省茶叶研究所、贵州省烟草科学研究院、安顺学院、铜仁职业技术学院、遵义师范学院、贵州省水稻研究所合作编写。本书涉及的基本理论和知识不受地域限制,但园艺植物及其病害的种类选择以西南地区实际情况为依据。

本书分上下两篇。上篇为园艺植物病害实验部分,共六章,主要内容包括园艺植物病害主要症状类型观察与识别,以及蔬菜、果树、粮食作物、重要经济作物和花卉等植物重要病害的具体症状、为害特点;下篇为园艺植物病害实习实训部分,共两章,主要包括园艺植物病害的田间诊断、调查、防治方案制定,以及植物病害病原的分离、培养及鉴定等内容。

书中附录部分是实验室操作基本规则及安全事项,旨在让学生了解各项安全管理规定,了解突发事件的处理方式,让学生做好进入实验室进行相应实验的准备。随书附有许多病害症状、病原形态等的彩图,帮助教材使用者形象、直观地认识相应园艺植物病害。

在园艺专业中,粮食作物、烟草、茶、中药材等植物的相关知识都是学生学习的核心内容,它们也是园艺专业的学生在相关实习、实训、实践和工作中,经常会涉及的,所以本书所选的案例不能排除这些类别,特此说明。

目录
CONTENTS

上篇　园艺植物病害实验

Part 1
第一章

园艺植物病害主要症状类型观察与识别

实验一　植物病害的病状和病征 ……………………………………… 004

实验二　侵染性病害病原的主要类型 …………………………………… 009

Part 2
第二章

蔬菜病害

实验一　十字花科、葫芦科蔬菜病害 …………………………………… 014

实验二　茄科、豆科蔬菜病害 …………………………………………… 018

Part 3
第三章

果树病害

实验一　仁果类、核果类果树病害 ……………………………………… 024

实验二　浆果类、柑果类果树病害 ……………………………………… 034

Part 4
第四章
粮食作物病害

实验一　水稻病害 ·············044

实验二　玉米病害 ·············049

Part 5
第五章
重要经济作物病害

实验一　茶树病害 ·············058

实验二　烟草病害 ·············062

实验三　中药材病害 ·············067

Part 6
第六章
花卉病害

实验一　草本花卉病害 ·············074

实验二　藤灌类花卉病害 ·············077

实验三　乔木类花卉病害 ·············080

下篇 园艺植物病害实习实训

Part 7

第七章

园艺植物病害田间诊断及调查

实训一　蔬菜病害的田间诊断及调查 …………………………094

实训二　果树病害的田间诊断及调查 …………………………097

实训三　茶园病害的田间诊断及调查 …………………………102

Part 8

第八章

园艺植物病害综合实训

实训一　植物病害病原的分离、培养及鉴定 …………………106

实训二　园艺植物病害综合防治方案的制定 …………………110

附录　实验室操作基本规则及安全事项 ……………………113

上篇 园艺植物病害实验

第一章

园艺植物病害主要症状类型观察与识别

实验一
植物病害的病状和病征

植物病害在田间症状表现十分复杂。根据症状在植物体上显示部位的不同,可将其分为内部症状与外部症状两类。外部症状(一般简称症状)是感病植物外表所显示的各种病变的统称,肉眼可识别。病状是植物发病部位自身异常状态,病征是在植物发病部位产生的特征性病原结构。

一、实验目的

观察提供的植物病害标本病状与病征,并根据相关症状的描述进行鉴定。通过实验,使同学们认识植物病害的症状类型与特点,初步掌握正确描述植物病害症状的方法,加深对植物病害的感性认识,了解症状在病害诊断中的作用。

二、实验准备

1.材料

准备下列植物病害的新鲜样本材料、盒装标本或玻片。

病害	病原
甘蓝根肿病	*Plasmodiophora brassicae*
白菜白锈病	*Albugo candida*
油菜菌核病	*Sclerotinia sclerotiorum*
柑橘青霉病	*Penicillium italicum*
柑橘疮痂病	*Elsinoe fawcettii*
柑橘溃疡病	*Xanthomonas citri*
番茄早疫病	*Alternaria solani*
菜豆炭疽病	*Colletotrichum lindemuthianum*

病害	病原
月季根癌病	*Agrobacterium tumefaciens*
桃缩叶病	*Taphrina deformans*
根结线虫病	*Meloidogyne* sp.
桑寄生病	*Taxillus sutchuenensis*
黄瓜花叶病毒病	cucumber mosaic virus
青枯病	*Ralstonia solanacearum*

另,可采集三叶草锈病、白菜软腐病、甘蓝黑腐病等病害样本进行补充。

2. 器具

多媒体教学设备、挂图、放大镜、体视解剖镜等。

三、内容与方法

本实验主要进行植物病害病状与病征观察。

(一)病状类型

植物病状类型可分为5种。

1. 变色

植物受外界有害因素影响后,常有色泽的改变,如褪色、出现条点、白化、颜色变深等,统称为变色。在植物上常见具体表现主要有:

(1)褪绿或黄化:褪绿或黄化是由于叶绿素的减少叶片表现为浅绿色或黄色。如小麦黄矮病、植物缺氮等。

(2)花叶与斑驳:如烟草花叶病(见插页图1-1-1)、菜豆花叶病、黄瓜花叶病等。

(3)变红色或紫色:如玉米红叶病、植物缺铁等。

2. 坏死

坏死是由于感病植物组织和细胞的死亡而引起的病状。在植物上常见具体表现主要有:

(1)斑点:根、茎、叶、花、果实的病部局部组织或细胞坏死,产生各种形状、大小和颜色不同的斑点,如烟草赤星病、白菜黑斑病等。

(2)枯死:芽、叶、枝、花局部或大部分组织发生变色、焦枯、死亡。如马铃薯晚疫病、水稻白叶枯病。

(3)穿孔和落叶落果:在病斑外围的组织形成离层,使病斑从健康组织中脱落下来,形成穿孔,如桃穿孔病(见插页图1-1-2);有些植物花、叶、果等感病后,在叶柄或果梗附近产生离层而引起过早的落叶、落果等。

(4)疮痂:果实、嫩茎、块茎等的受病组织局部木栓化,表面粗糙,病部较浅,如柑橘疮痂病、马铃薯疮痂病等。

(5)溃疡:发病部位深入到皮层,组织坏死或腐烂,病部面积大,稍凹陷,周围的寄主细胞有时增生和木栓化,溃疡症状多见于木本植物枝干上。如柑橘溃疡病、番茄溃疡病等。

(6)猝倒和立枯:大多发生在各种植物的苗期,幼苗的茎基或根冠组织坏死,地上部萎蔫以至死亡,如番茄立枯病、瓜类苗期猝倒病等。

3. 萎蔫

植物整株或部分枝叶萎垂死亡。病株茎、根常见维管束组织变黑、变褐。植株迅速萎蔫死亡,而叶片仍保持绿色的称为青枯。如茄科植物青枯病(见插页图1-1-3)。

4. 腐烂

腐烂是较大面积植物组织分解和破坏的表现,根据症状及失水快慢分为干腐和湿腐。如苹果腐烂病与甘薯茎线虫病都是干腐;大白菜软腐病、柑橘贮藏期青霉病、甘薯根霉软腐病等都是湿腐。

5. 畸形

畸形是由于植物病组织或细胞的生长受阻或过度增生而造成的形态异常。在植物上常见具体表现主要有:

(1)矮化、矮缩和丛生:矮化使植株各个器官的长度成比例变短或缩小,病株比健株矮小得多,如玉米矮化病。矮缩则主要是节间缩短,茎叶簇生在一起,如水稻矮缩病、小麦黄矮病等。丛生是枝条或根异常地增多,导致丛枝或丛根,如枣疯病。

(2)肿瘤:病部的细胞或组织因受病原的刺激而增生或增大,呈现出肿瘤,如月季根癌病(见插页图1-1-4)、油茶茶苞病(见插页图1-1-5)等。

(3)卷叶:叶片卷曲与皱缩,有时病叶变厚、变硬,严重时呈卷筒状,如马铃薯卷叶病和蚕豆黄化卷叶病。

(4)蕨叶:叶片发育不良,变成丝状、线状或蕨叶状,如番茄蕨叶病。

(5)花器叶片化:正常的花器变成叶片状结构,使植物不能正常开花结实,如玉米霜霉病。

(二)病征类型

病征是指在植物病部形成的、肉眼可见的病原的结构。识别各种不同类型的病征,对诊断病害很有帮助。病征显著的病害有:

(1)绵腐病:受病部位长出放射状的白色丝状物。如瓜类绵腐病、水稻绵腐病等。

(2)霜霉病:多从叶片背面长出白色或深色的霉状物。如十字花科蔬菜霜霉病、向日葵霜霉病、菠菜霜霉病等。

(3)白粉病:叶片的表面长出白色粉状物。如月季白粉病(见插页图1-1-6)、瓜类白粉病、苹果白粉病等。

(4)煤污病:植物的叶、茎、果实等器官上铺满煤烟状物。如茶煤病、柑橘煤污病、桑污叶病等。

(5)锈病:植物叶、茎上常自破裂的小疱中,散出鲜黄色或深褐色如铁锈状的粉状物。如菜豆锈病、蚕豆锈病、玫瑰锈病、三叶草锈病(见插页图1-1-7)等。

(6)白锈病:叶片的正面或反面长出乳白色的孢子堆,破裂后散出白色的粉状物。如十字花科蔬菜白锈病、油菜白锈病等。

(7)霉病:病部出现霉状物,如绿霉、黑霉、灰霉、赤霉等。如柑橘青霉病、甘薯软腐病、番茄灰霉病和小麦赤霉病等。

(8)炭疽病:病部出现小黑粒或小黑点。如辣椒炭疽病、菜豆炭疽病和脐橙炭疽病(见插页图1-1-8)等。

(9)高等担子菌所致病害:一些木本植物病部常出现膜状、块状和伞状物,如花椒膏药病(见插页图1-1-9)。

(10)产生菌脓(细菌病害的病征)的病害:通常在病部出现液滴状或颗粒状菌脓。如水稻白叶枯病和水稻条斑病等。

植物病害的病状与病征类型多,田间有时还会出现2种以上病害在同一植物上发生,或同种病害在植物不同部位发生的情况,病状与病征都会有不同程度的改变,需要仔细观察,不断积累经验。

四、实验报告

选择不同症状类型的病害,将所观察的植物病害发病部位、病状类型和病征等症状特点记录于如表1-1-1所示的表格中,至少描述10种病害。

表1-1-1　植物病害的观察记录表

编号	病害名称	发病部位	病状类型	病　征	症状特点

五、思考题

(1)症状在植物病害诊断中有何作用?

(2)如何区分植物的生理性萎蔫与病理性萎蔫?

实验二
侵染性病害病原的主要类型

引起植物病害的病因主要有两类：一类是不适宜的环境因素，包括各种化学因素与物理因素(引起非侵染性病害)；另一类是生物因素(引起侵染性病害)。引起植物发生病害的生物称为病原生物，简称病原。病原种类很多，常见的有病毒界的病毒、原核生物界的细菌、菌物界的真菌、动物界的线虫、植物界的寄生性种子植物等5类。其中，大约70%的植物病害由菌物引起。

一、实验目的

通过实验，着重掌握由菌物引起的重要园艺植物病害的症状特点，如霜霉病、白粉病等。了解致病菌物一些常见属的菌落形态特征，对菌物的形态特征多样性有初步认识，能识别由菌物引起的植物病害，初步掌握病害鉴定的方法。

二、实验准备

1. 材料

选取具有典型病征的新鲜病害标本，制作临时玻片观察，或观察固定玻片。

病害	病原
葡萄霜霉病	*Plasmopara viticola*
黄瓜霜霉病	*Pseudoperonospora cubensis*
向日葵霜霉病	*Plasmopara halstedii*
莴苣霜霉病	*Bremia lactucae*
苋菜白锈病	*Albugo candida*
桃缩叶病	*Taphrina deformans*
槐树白粉病	*Erysiphe* sp.

病害	病原
朴树白粉病	*Pleochaeta shiraiana*
葱叶枯病	*Pleospora herbarum*
梨锈病	*Gymnosporangium haraeanum*
莴苣灰霉病	*Botrytis cinerea*
梨黑星病	*Fusicladium virescens*
冬青白粉病	*Oidium* sp.
柑橘青、绿霉病	*Penicillium italicum*，*P. digitatum*
茄褐纹病	*Diaporthe vexans*
芹菜斑枯病	*Septoria apii*

2.器具

手持放大镜和生物显微镜等观察工具；载玻片、盖玻片、滴瓶、解剖针、单面刀片、剪刀、镊子、吸水纸和擦镜纸等以及制作临时玻片的其他用品。

三、内容与方法

（1）分别观察葡萄霜霉病、黄瓜霜霉病、向日葵霜霉病、莴苣霜霉病的症状特点，这些霜霉病有何共同的病状和病征？

用解剖针挑取上述4种病叶的反面霉状物少许，置载玻片上的一滴蒸馏水中，然后盖上盖玻片，在显微镜下观察孢囊梗、孢子囊的特点。

（2）观察苋菜白锈病标本，其主要症状是怎样的？与霜霉病比较有何不同？并挑取标本上的白色病原在显微镜下观察。

（3）桃缩叶病菌观察：首先观察桃缩叶病的症状特点。然后在显微镜下观察感病组织的切片，注意子囊着生在寄主哪一部分，排列方式怎样，子囊、子囊孢子的形状，以及其脱离子囊的途径，在子囊的基部有无足胞。

（4）槐树、朴树白粉病菌观察：用解剖针挑取槐树、朴树叶片上的黑色小颗粒，在显微镜下观察这些小颗粒的形状。其周围附属丝形态特征是怎样的？用解剖针轻压盖玻片，将小颗粒压碎，注意观察里面子囊数目、子囊孢子形状及数目。

（5）葱叶枯病菌观察：观察感病的葱叶片，在叶片枯死部分是否有许多针尖大小的圆形小点？然后撕取少许病叶，置于载玻片的小水滴中，在显微镜下观察，注意子囊腔着生于叶肉组织中,观察小黑点顶端是否有圆形的开口,子囊孢子形状如何,是否双胞,是否有纵横隔膜。根据子囊孢子形态,判断是格孢腔菌属(Pleospora)还是球腔菌属(Mycosphaerella)。

(6)梨锈病菌观察:观察患病梨叶,梨叶感病处是否红肿?上面是否有黑色小点?这些小点是病原菌的何种结构?叶的反面有无黄色的毛状物?这些毛状物又是病原菌的何种结构?在显微镜下进行梨锈病叶片的切片观察,注意性孢子器和锈孢子器的构造及锈孢子器护膜的结构,锈孢子的形状、排列,孢子内有几个细胞核。然后观察桧柏上的冬孢子角,了解梨锈病的转主寄生过程。

(7)莴苣灰霉病菌观察:先观察莴苣灰霉病的症状,病征是什么样的?再制作临时玻片在显微镜下观察病原菌的形态特征。

(8)梨黑星病菌观察:先观察梨黑星病的症状,再制作临时玻片在显微镜下观察病原菌的形态特征,注意分生孢子梗及分生孢子形状特点。

(9)冬青白粉病菌观察:先观察冬青病叶的症状,再挑取白色粉状物制片并在显微镜下观察,注意观察分生孢子的形态特点。

(10)柑橘青、绿霉病菌观察:观察柑橘青、绿霉病的症状,挑取青、绿霉状物制片并在显微镜下观察,注意观察分生孢子梗、分生孢子的形态特征(见插页图1-2-1)。

(11)茄褐纹病菌观察:病菌为害茄的叶、茎、果实,病斑有轮纹,果实上的病斑轮纹明显,分生孢子器轮生或散生,叶上病斑在干燥条件下易形成穿孔。挑取叶片或果实上的小黑点制片并在显微镜下观察,有的可以看到两种不同形状的分生孢子。甲型分生孢子卵圆形或纺锤形,单胞,能萌发;乙型分生孢子线形,一端弯曲呈钩状,不能萌发(有的只能看到甲型)。

(12)芹菜斑枯病菌观察:先观察患病芹菜叶片的病斑上有无小黑点。再用解剖针挑取小黑点制片并在显微镜下观察其分生孢子有何特点,是单细胞还是多细胞。

四、实验报告

选择4种病害描述症状特点,绘制4种病原菌形态特征图。

五、思考题

(1)由菌物引起的植物病害症状有何特点?

(2)在田间如何辨别侵染性病害与非侵染性病害?各有何主要特征?

第二章

蔬菜病害

实验一
十字花科、葫芦科蔬菜病害

一、实验目的

了解蔬菜常见病害种类、发生规律和调查方法;掌握十字花科、葫芦科蔬菜常见病害的症状特点和病原菌形态;以白菜根肿病、黄瓜枯萎病为例,掌握十字花科、葫芦科蔬菜常见病害的诊断技术和病原菌鉴定技术。

二、实验准备

1.材料

十字花科、葫芦科蔬菜病害的腊叶标本、新鲜标本等各类型标本;病原菌标本、照片等。

2.器具

手持放大镜、显微镜等观察工具;解剖针、单面刀片、镊子、手术剪等常用取样工具;载玻片、盖玻片、滴瓶、吸水纸和擦镜纸等以及制作临时玻片的其他用品。

三、内容与方法

(一)十字花科蔬菜病害(根肿病)

根肿病是由芸薹根肿菌所引起的十字花科植物病害;主要为害白菜、结球甘蓝和白萝卜等十字花科蔬菜的根系,继而产生全株症状。

(1)症状识别。

染病植株地上部分生长迟缓,缺水萎蔫,最终矮缩和黄化;发病初期常出现根部变形,形成大小不一、光滑或龟裂粗糙的纺锤状肿瘤,是十字花科蔬菜根肿病最常见的症状特点,是诊断最重要的依据之一。

白菜根肿病仅为害白菜根部,发病初期根部肿瘤表皮光滑,球形或近球形,随病情发展肿瘤表皮变粗糙、出现龟裂,通常伴随其他腐生菌侵染而发出恶臭。根肿菌主要在根的皮层中蔓延,被侵染细胞增大,同时周围组织细胞异常分裂,造成根部肿大,形成形状和大小不同的肿瘤,主根肿瘤大而量少,而侧根发病时肿瘤小而量多。根部受害后进一步影响地上部分生长,叶色变淡、生长迟缓、矮化,发病严重时出现萎蔫症状,晴天中午明显,初期夜间可恢复,最终整株死亡。

(2)病原观察。

病原:芸薹根肿菌 *Plasmodiophora brassicae*,属根肿菌目根肿菌属。寄主植物死亡后病原菌在病部细胞中产生休眠孢子,孢子微小、单核、单倍体,外被几丁质薄壁。病原菌喜温暖潮湿的环境,适宜发病的温度范围为9~30 ℃,最适发病环境温度为19~25 ℃,最适土壤含水量70%,最适相对湿度70%~98%,最适土壤pH 5.4~6.5,发病潜育期10~25 d。

病原观察:通过萎蔫等症状快速定位发病植株,从发病植株肿大的根移取组织块,使用解剖针压碎染病组织,分散后置于显微镜下观察休眠孢子形态。

(二)葫芦科蔬菜病害(枯萎病)

枯萎病是真菌或细菌引起的一种病害,一般狭义的枯萎病主要指真菌性枯萎病。黄瓜、丝瓜等葫芦科蔬菜易感染真菌性枯萎病,症状包括严重的点斑或叶、花、果、茎的坏死或整株植物的死亡。

(1)症状识别。

黄瓜枯萎病在黄瓜全生育期各阶段均可发生,特别是开花期与结果期易暴发;生育期不同阶段发病病株表现具有差异。幼苗期病株主要表现为茎基部缢缩,呈水渍状褐色,随后萎蔫倒伏;成熟期病株初期主要表现为根茎部叶片在中午萎蔫下垂,呈缺水状,在早晚恢复正常,后期叶片萎蔫卷曲,连续数天不能恢复,从近地叶片向顶端延伸至全株萎蔫,最后死亡。病株主蔓茎基部表皮纵裂,内部维管束呈黄褐色到黑褐色并向顶端延伸;湿度大时,植株茎干有树脂状胶质物溢出,发病处长出粉红色霉状物,最后萎蔫成丝麻状。开花期,病菌主要从雌花侵入,并进入幼瓜,侵染成功后,花和幼瓜快速变软、萎缩甚至腐烂,进而在病部表面长满灰色霉层。

黄瓜细菌性枯萎病:发病黄瓜植株通常不发黄,直至萎蔫死亡都保持绿色,根部病变不明显,故俗称"青枯病"。发病初期叶片上出现暗绿色水渍状病斑,茎部受害处变细,两端呈水渍状,病部以上枝叶出现萎蔫,剖开病茎用手挤压会从维管束上溢出白色菌脓。嫁接黄瓜上高发,易与黄瓜条叶甲、黄瓜十二星叶甲等虫害的发生相伴随。

(2)病原观察。

病原:尖孢镰刀菌黄瓜专化型 *Fusarium oxysporum* f. *cucumerinum*。该病原菌在植物组织上产生白色气生菌丝,在马铃薯葡萄糖琼脂培养基(potato dextrose agar medium,PDA)上呈淡青紫色或淡褐色。小型分生孢子长椭圆形,无色,单胞或偶尔双胞;大型分生孢子纺锤形,无色,多为3个隔膜;厚垣孢子顶生或间生,球形,淡黄色。病菌发育最适宜的温度为24~27 ℃,最适土温24~30 ℃。氮肥过多以及酸性土壤利于病菌活动,在pH 4.5~6.0的土壤中黄瓜枯萎病发生严重。

病原直接分离观察:从发病植株病区取样,使用解剖针挑取染病组织,分散后置于显微镜下观察菌丝、小型分生孢子、大型分生孢子以及厚垣孢子形态。

病原分离培养与观察:从发病植株上取病健交界处的组织块,10%次氯酸钠溶液消毒一次(0.5~1.0 min)、多次无菌水冲洗后吸干水分,转移到含25%乳酸的马铃薯葡萄糖琼脂培养基上,置于25 ℃、光周期12 h/12 h环境下培养,观察菌落形态,挑取菌丝置于显微镜下观察。

四、实验报告

(1)以白菜根肿病或黄瓜枯萎病为对象,进行专项调查,撰写调查报告。

(2)采集调查的病株,分析典型症状,进行病害诊断。

(3)分离病株病原菌,进行显微镜观察,绘制病原菌形态示意图。

五、思考题

(1)白菜根肿病或黄瓜枯萎病调查可以采用哪些取样方式?各种取样方式有何优劣之处?

(2)以白菜根肿病为例,根据调查结果,从限制病原菌传播、抑制病原菌生长等角度提出综合防治建议。

参考文献

[1]王靖,黄云,李小兰,等.十字花科根肿病研究进展[J].植物保护,2011,37(6):153-158.

[2]张慧,张淑江,李菲,等.大白菜抗根肿病育种研究进展[J].园艺学报,2020,47(9):1648-1662.

[3]杨侃侃,刘晓虹,陈宸,等.黄瓜枯萎病研究进展[J].湖南农业科学,2019(6):121-124.

[4]王卿,林玲.瓜类枯萎病研究进展[J].中国瓜菜,2016,29(3):1-6.

实验二
茄科、豆科蔬菜病害

重要的茄科蔬菜包括番茄、辣椒和茄子,主要病害有青枯病、番茄晚疫病、番茄早疫病、辣椒炭疽病等。茄科蔬菜果实营养丰富,适于加工,具有较高的食用与经济价值。青枯病是农业生产中为害最严重的细菌性病害之一,世界范围内广泛发生;番茄晚疫病与早疫病是番茄2种重要病害,全国各地番茄产区每年均有不同程度发生,常导致番茄减产10%~20%;辣椒炭疽病是辣椒果实上重要病害之一,我国各辣椒产区都有发生。

一、实验目的

了解蔬菜常见病害种类、发生规律和调查方法;掌握茄科、豆科蔬菜常见病害的症状特点和病原菌形态;以茄科蔬菜青枯病、番茄早疫病和晚疫病、辣椒炭疽病,豆科蔬菜炭疽病、锈病为例,掌握茄科、豆科蔬菜常见病害的诊断技术和病原菌鉴定技术。

二、实验准备

1.材料

准备青枯病、番茄晚疫病、番茄早疫病、辣椒炭疽病、菜豆炭疽病和菜豆锈病等病害的新鲜或干标本(或病害症状幻灯片、照片),病原固定玻片。

2.器具

手持放大镜、显微镜等观察工具;解剖针、单面刀片、镊子、手术剪等常用取样工具;载玻片、盖玻片、滴瓶、吸水纸和擦镜纸等以及制作临时玻片的其他用品。

三、内容与方法

(一)茄科蔬菜病害

1. 青枯病

主要为害番茄、茄子和辣椒等茄科蔬菜。

(1)症状识别。

当番茄株高达30 cm左右时,青枯病株开始显症。先是顶端叶片萎蔫下垂,后下部叶片凋萎,中部叶片最后凋萎,也有一侧叶片先萎蔫或整株叶片同时萎蔫的。发病初期,病株白天萎蔫,傍晚复原。发病后,如土壤干燥,气温偏高,2~3 d全株即凋萎;如气温较低,遇连阴雨或土壤含水量较高时,病株可持续发病7 d后枯死,但叶片仍保持绿色或稍淡。湿度大时,病茎上初可见水浸状小病斑,后变为褐色的长1~2 cm的斑块,纵剖可见茎部维管束变为黄色或褐色,髓部和皮层组织也变色,用手挤压有乳白色的菌脓渗出。

(2)病原观察。

病原:茄雷尔氏菌 *Ralstonia solanacearum*,为革兰氏阴性细菌,菌体短杆状,两端圆,极生鞭毛1~3根。

喷菌现象观察:取发生青枯病的新鲜或干燥番茄茎秆,用单面刀片切取茎秆表皮 0.5~1.0 cm² 大小的组织薄片,置于载玻片上,加一滴蒸馏水并盖上盖玻片,用手轻压一下后,对光观察。再放到低倍显微镜下观察,可清楚看到番茄茎秆表皮组织处有大量细菌从组织中"流"出。

2. 番茄早疫病和晚疫病

早疫病主要为害番茄和马铃薯,辣椒与茄子上发生较轻。番茄早疫病可侵害叶片、茎秆和果实等寄主地上部位。晚疫病为害番茄与马铃薯,主要为害番茄叶片和果实。

(1)症状识别。

早疫病:叶片发病初期呈深褐色或黑色,产生圆形至椭圆形小斑点,之后病斑逐渐扩大至1~2 cm²,中央灰褐色,边缘深褐色,有明显的同心轮纹,边缘有黄色晕圈(见插页图2-2-1)。潮湿时,病斑上可见黑色霉状物。一般从植株下部叶片开始发病,逐渐向上部叶片蔓延。茎秆上病斑椭圆形,灰褐色,具同心轮纹。果实上病斑近圆形至圆形,发病部位稍凹陷,黑褐色,有同心轮纹,病斑上有黑色霉状物。

晚疫病:幼苗、叶片、茎和果实均可受害,以成株期叶片和青果受害最重。幼茎基部发病形成水渍状缢缩,幼苗萎蔫倒伏;苗期感病初期叶片出现暗绿色水渍状病斑,逐渐向主茎发展,使叶柄和主茎呈现黑褐色病斑,湿度大时病部产生稀疏白色霉层;成株期受害多从植株下部叶片叶尖、叶缘开始发病,初期产生暗绿色水渍状病斑,边缘不整齐,扩大后转为褐色,湿度大时叶片背面产生白色霉层。茎上病斑黑褐色腐败状,严重时引起植株萎蔫;青果病斑初为油浸状、暗绿色,渐变为暗褐色至棕褐色,稍凹陷,边缘云纹状,果实一般不变软,潮湿时,病斑上有白色霉层,迅速腐烂。(见插页图2-2-2)

(2)病原观察。

番茄早疫病病原:茄链格孢菌 Alternaria solani,属子囊菌门,座囊菌纲,格孢腔菌目,格孢腔菌科,链格孢属。病斑上的黑色霉层为病原的分生孢子梗及分生孢子。分生孢子梗单生或簇生,暗褐色,短棒形或圆筒形,1~7个分隔;分生孢子倒棍棒形,黄褐色,有纵横隔膜,顶端有细长的喙细胞。

番茄早疫病病原观察:取番茄早疫病病叶或病果,挑取黑色霉层,制作临时玻片,在显微镜下观察分生孢子梗及分生孢子形态(见插页图2-2-3)。

番茄晚疫病病原:致病疫霉 Phytophthora infestans,属于卵菌门疫霉属。病斑上的白色霉状物为病原的孢囊梗及孢子囊。

番茄晚疫病病原观察:取番茄晚疫病病叶观察,在叶片的背面是否有白色霉状物?是病菌的何种结构?然后挑取白色霉状物,制作临时玻片,在显微镜下观察孢囊梗形状、孢子囊着生方式及孢子囊形状。

3.辣椒炭疽病

主要为害辣椒叶片与果实,尤其是近成熟期的果实最易发生。

(1)症状识别。

叶片发病,初期产生褪绿色水浸状斑点,逐渐扩大为圆形或不规则形,边缘褐色,中央灰白色,发病后期病斑上可产生轮纹状排列的小黑点。

果实发病,初期产生褐色或黄褐色水浸状小斑点,后扩展为圆形或不规则形凹陷病斑,其上着生黑色小点或密生橙红色小点/淡红色黏质物(见插页图2-2-4)。

(2)病原观察。

病原:刺盘孢属 Colletotrichum spp.,属子囊菌门,粪壳菌纲,小丛壳目,小丛壳科真菌。刺盘孢属多个种可引起辣椒炭疽病,如盘长孢状刺盘孢 Colletotrichum gloeosporioides、壳皮刺盘孢 C. crassipes、脐孢刺盘孢 C. boninense、果生刺盘孢 C. fructicola、君子兰刺盘孢 C. cliviae、喀斯特刺盘孢 C. karstii 等。分生孢子形态有2种:一种是长椭圆形或圆柱状,两端钝圆,无色,单细胞;另一种是镰刀状,顶端钝圆,基部渐尖,无色,单细胞。

病原观察:取辣椒炭疽病病叶、病果(新鲜或干燥病果)观察症状特点,然后挑取黑色点状物或橙红色霉状物,制作临时玻片,在显微镜下观察分生孢子形状(见插页图2-2-5)。

(二)豆科蔬菜病害

1.炭疽病

可为害菜豆与豇豆,菜豆发病较重,豇豆发病较轻。叶片、茎和豆荚均可发病,以豆荚发病对产量与品质影响最大。

(1)症状识别。

叶片发病初期,叶背面叶脉上可见红褐色条斑,逐渐发展为黑褐色多角形网状斑;豆荚发病初期产生褐色小斑点,后扩大为圆形或近圆形褐色病斑,边缘稍隆起,中央凹陷,湿度大时病斑上有淡粉色黏质团。(见插页图2-2-6)

(2)病原观察。

病原:豆刺盘孢 C. lindemuthianum,分生孢子圆柱状或卵圆形,单细胞,无色,基部平截,顶端钝圆且稍膨大。

病原观察:取菜豆炭疽病病叶、病果(新鲜或干燥病果)观察症状特点,然后挑取淡粉色黏质团,制作临时玻片,在显微镜下观察分生孢子形状。

2.锈病

主要为害菜豆、豇豆和蚕豆,豌豆上发生较轻。菜豆锈病严重发生时,叶片迅速干枯脱落,严重的会导致采收次数减少,提早拔园。

(1)症状识别。

主要发生在叶片上,叶柄、茎和豆荚上也有发生。叶片上初生小的黄白色斑点,后逐渐扩大为黄褐色疱斑,叶片表皮破裂后散出红褐色粉状物,为病原的夏孢子,病斑外围常有黄色晕圈；随着寄主进入衰老期，叶片上出现黑褐色粉状物，为病原的冬孢子。

（2）病原观察。

病原：属于担子菌门的单胞锈菌属 *Uromyces*。菜豆锈病的病原为疣顶单胞锈菌 *U. appendiculatus*；豇豆锈病的病原为豇豆单胞锈菌 *U. vignae-sinensis*；蚕豆锈病的病原为蚕豆单胞锈菌 *U. fabae*；豌豆锈病的病原为豌豆单胞锈菌 *U. pisi*。菜豆叶片上着生夏孢子堆与冬孢子堆。夏孢子单细胞，椭圆形或卵圆形，浅黄褐色，表面有细刺；冬孢子单细胞，圆形或短椭圆形，顶端有头状突起，孢子深褐色，表面光滑或顶端有微刺，下端有无色柄。

病原观察：取菜豆锈病新鲜标本，观察菜豆锈病菌冬（夏）孢子堆着生情况及颜色差异，并制作临时玻片观察冬（夏）孢子的形态特点。

四、实验报告

（1）简述辣椒炭疽病与菜豆炭疽病症状特点。

（2）绘制番茄早疫病菌分生孢子图，辣椒炭疽病菌或菜豆炭疽病菌分生孢子图，菜豆锈病菌的冬孢子与夏孢子图。

五、思考题

（1）如何防治番茄早疫病与晚疫病？

（2）如何防治辣椒炭疽病与菜豆炭疽病？

参考文献

[1] 童蕴慧,陈夕军.园艺植物病理学[M].北京:科学出版社,2021.

[2] 国立耘,刘凤权,黄丽丽.园艺植物病理学[M].3版.北京:中国农业大学出版社,2020.

[3] 许志刚.普通植物病理学[M].4版.北京:高等教育出版社,2009.

[4] 杨友联.中国贵州、云南、广西炭疽菌属真菌多基因分子系统学研究[D].武汉:华中农业大学,2010.

[5] 王科,刘芳,蔡磊.中国农业植物病原菌物常见种属名录[J].菌物学报,2022,41(3):361-386.

第三章

果树病害

实验一
仁果类、核果类果树病害

果树大多生长周期长,在不同生长发育时期均会遭受病虫害的侵害,不仅会严重影响当年及次年的果品产量和质量,还会对果树树势带来较大影响。果树病害发生与其种类或品种特性、栽培管理技术和方法,以及各种植区栽培环境条件和人为活动有关。

一、实验目的

观察和识别常见仁果类、核果类果树的病害类型及为害特点;掌握常见仁果类、核果类果树病害的初步诊断方法,并结合其发生规律,了解常用防治方法。

二、实验准备

1. 材料

仁果类果树病害,如梨锈病、梨轮纹病、苹果白粉病、苹果斑点落叶病、苹果褐斑病、苹果病毒病等的新鲜或干标本;核果类果树病害,如桃疮痂病、桃褐腐病、桃缩叶病、桃细菌性穿孔病、李褐腐病、李红点病、樱桃褐斑穿孔病、樱桃褐腐病、樱桃锈病等的新鲜或干标本;相应病害症状幻灯片、照片;病原固定玻片。

2. 器具

手持放大镜、显微镜等观察工具;解剖针、单面刀片、镊子、手术剪等常用取样工具;载玻片、盖玻片、滴瓶、吸水纸和擦镜纸等以及制作临时玻片的其他用品。

三、内容与方法

本实验主要针对常见落叶果树(仁果类、核果类)病害代表种类的症状和病原菌形态进行观察。

(一)仁果类果树病害

1. 梨锈病

又称梨赤星病、羊胡子。主要为害梨、山楂、野木瓜、贴梗海棠等多种果树或花卉的叶片和果实。春季多雨年份,发病率极高,可引起叶早枯,并可侵染幼果,造成畸形、早落,影响产量和质量。

(1)症状识别。

发病叶片正面先出现近圆形橙黄色有光泽病斑,溢出橘红色的黏液;叶背隆起并长出黄褐色至灰褐色的细管状锈子腔。此外,在转主寄主植物桧柏上产生圆锥形(梨锈病)或鸡冠状(苹果锈病)的冬孢子角,孢子角遇雨吸水膨大、胶化,成为橙黄色胶质块。

对比观察梨等蔷薇科果树上该病害的发病部位及症状(见插页图3-1-1),或其在转主寄主植物桧柏、龙柏和欧洲刺柏等的叶片、枝条上的着生部位及特点(见插页图3-1-2),掌握梨锈病的侵染循环规律及要素。

(2)病原观察。

病原:亚洲胶锈菌 $Gymnosporangium\ asiaticum$(旧称:梨胶锈菌 $Gymnosporangium\ haraeanum$),属担子菌门,柄锈菌纲,柄锈菌目,胶锈菌科,胶锈菌属。冬孢子纺锤形或长椭圆形,双胞,黄褐色,柄细长,其外表被有胶质,遇水胶化。无夏孢子阶段。冬孢子萌发长出4个担子,每个担子上生一小梗,每小梗顶端着生一个担孢子。担孢子卵形,单胞,淡黄褐色。

病原观察:用解剖针挑取发病叶、果实表面的毛状物或黏液,或转主寄主上的橙黄色胶质块少许,置载玻片上的一滴蒸馏水中,然后盖上盖玻片,用解剖针轻轻按压,在显微镜下观察病原特征(见插页图3-1-3)。

2. 梨轮纹病

梨轮纹病又称梨粗皮病、梨瘤皮病,分布遍及中国各梨产区,还为害苹果、桃、李、杏等果树,可造成烂果和枝干枯死。主要为害枝干、果实和叶片。

(1)症状识别。

受害果实深浅褐色相间,后期有小黑点,病部表面会形成同心圆环状病斑,前期不凹陷;受害枝干病斑以皮孔为中心呈同心轮纹状,伴有裂纹和翘起;受害叶片病斑初期近圆形或不规则形,褐色,显同心轮纹状(见插页图3-1-4),后期灰白色病斑上着生小黑点。

观察受害叶片和果实样本的病斑颜色和形状,测量有规则病斑的直径大小,描述其特点。

(2)病原观察。

病原:粗皮葡萄座腔 *Botryosphaeria kuwatsukai*(旧称:轮纹大茎点菌 *Macrophoma kuwatsukai*),属子囊菌门,座囊菌纲。自然界常见其无性阶段,分生孢子器球状或扁球状,内壁着生分生孢子梗,分生孢子单胞,无色,梭形或纺锤形。有性阶段子囊壳球形或扁球形,子囊棍棒形,无色,顶部较宽;子囊孢子椭圆形,单胞,无色至淡褐色,自然界不常见。

病原观察:用解剖针挑取病部表面的黑色小点或小颗粒,置于载玻片上的小水滴中,盖上盖玻片,在显微镜下观察病原菌的形态特征。

3.苹果白粉病

我国苹果产区发生普遍,主要为害苹果、沙果和山荆子等果树。

(1)症状识别。

白粉病菌主要为害苹果树的嫩叶、花、幼果及果柄,受害部位会出现白色粉状物,受害枝干质脆而硬,长势细弱,生长缓慢,甚至变褐枯死。严重时可导致叶尖、叶缘变褐,并逐渐脱落。受害果实病部变硬,成熟后形成网状锈斑,还有可能开裂。受害枝干病部表层覆盖一层白粉,生长缓慢;严重时,病梢部位变褐枯死,病梢表面银灰色。

观察实验材料发病部位的症状(见插页图 3-1-5),并描述其主要特点。

(2)病原观察。

病原:白叉丝单囊壳 *Podosphaera leucotricha*(旧称:粉状粉孢 *Oidium farinosum*),属子囊菌门,锤舌菌纲,柔膜菌目,白粉菌科,叉丝单囊壳属。菌丝体生于叶的两面、叶柄、嫩枝、花、芽和果实上;子囊果密聚生,丛毛状,极少散生,暗褐色,近球形、梨形,壁细胞不规则多角形,壁厚,在子囊果的基部有很多褐色珊瑚状菌丝;附属丝3~8根,簇生于子囊果的顶部,直或屈膝状弯曲,上部稍细或等粗,全褐色或仅顶部无色,有隔膜,顶端多数不分枝,只有少数不规则地分枝1~2次;子囊单个,近球形、矩圆形或卵形,无色;子囊孢子8个,偶尔只有6个,长椭圆形、椭圆形或肾形;分生孢子梗棍棒形,分生孢子念珠状串生于分生孢子梗上,单胞,无色,宽卵圆形至近圆筒形。

病原观察:用解剖针挑取病部表面的白色粉状物,置于载玻片上的小水滴中,盖上盖玻片,在显微镜下观察病原菌的形态特征(菌丝体、分生孢子梗和分生孢子等)(见插页图3-1-6)。

4.苹果斑点落叶病

苹果斑点落叶病又称褐纹病,我国苹果产区均有发生,主要为害苹果叶片,其次是嫩梢、花芽和果实。病原菌在落叶上越冬,次年借风雨传播。其发生与流行取决于气候条件、树势强弱、叶龄和苹果品种的抗病性等多种因素。

(1)症状识别。

春季苹果展叶后,温度20~30 ℃,雨水多、降雨早或空气相对湿度在70%以上时,苹果斑点落叶病在田间叶片上迅速发生;夏秋季,有时短期无雨,但空气湿度大,高温闷热,也有利于病害发生。病原菌潜伏期较短,一般为1~2 d,每年春梢期(5月初至6月中旬)和秋梢期(8月至9月)是为害高峰(落叶盛期),可造成大量落叶。

观察实验材料发病部位的症状(见插页图3-1-7),对比叶片发病初期和后期病斑的形状和颜色,并描述其主要特点。

(2)病原观察。

病原:互隔链格孢 *Alternaria alternata*,属子囊菌门,座囊菌纲。分生孢子梗暗褐色,弯曲多胞;分生孢子短棒形、锤形,暗褐色,具2~5个横隔,1~3个纵隔,有短柄。

病原观察:选取典型发病部位观察其表面组织,挑取叶片正反面的墨绿色霉层,置于载玻片上的小水滴中,盖上盖玻片,在显微镜下观察病原菌的分生孢子梗和分生孢子形态特征。

5.苹果褐斑病

苹果褐斑病(见插页图3-1-8)又称绿缘褐斑病,是我国西北苹果主产区重要病害之一,也是造成红富士苹果园夏季多雨年份早期落叶的原因之一,严重影响果品产量和质量。主要为害苹果叶片和果实。

(1)症状识别。

叶片染病初期,叶面上呈现直径0.2~0.5 mm的单生或数个连生的褐色小点,后扩展为3种病斑。

一是同心轮纹型:初发病叶面现黄褐色小点,渐扩大为直径10~25 mm的圆形病斑,中心暗褐,四周具绿色晕圈,中央产生肉眼可见的轮纹状排列的黑粒点,即病菌分生孢子盘;病斑背面中央深褐色,四周浅褐色,有时老病斑的中央灰白色。"国光""青香蕉"等苹果品种多属这一类型。

二是针芒型:病斑小,呈针芒放射状向外扩展,无固定形状,微隆起。后期叶片渐黄,病部周围及背部仍保持绿褐色。病斑较轮纹斑小。沙果、山荆子、海棠等多属这一类型。

三是混合型:病斑暗褐色,较大,近圆形或不规则形,其上散生黑色小点,不呈明显的轮纹状;后期病斑中央灰白色,边缘绿色,有时病斑边缘呈针芒状。"红玉""金冠""元帅""红星""祝光"等品种多属这一类型。

观察辨别实验材料发病部位的病斑类型(同心轮纹型、针芒型、混合型),并对比描述其主要特点,包括病斑的大小、数量、形状,以及病斑边缘色泽。区分三种病斑的异同点。了解其侵染规律和发病原因。

(2)病原观察。

病原:冠双壳 *Diplocarpon coronariae*(旧称:苹果双壳 *Diplocarpon mali*,苹果盘二胞 *Marssonina mali*),属子囊菌门,锤舌菌纲,柔膜菌目,镰盘菌科,双壳属。分生孢子梗无色、单生、圆柱形,栅状排列,顶生分生孢子。分生孢子无色、双胞、中间缢缩,上胞大且圆,下胞小而尖,呈葫芦状,内含2~4个油球,偶见少数单胞分生孢子混生在一起。子囊棍棒状,内含8个子囊孢子,子囊孢子香蕉形,常具一个隔膜。

以菌丝、分生孢子盘或子囊盘形态在落地的病叶上越冬,次年春天产生拟分生孢子和子囊孢子,借风雨传播,从叶片正面或背面侵入。

病原观察:选取典型发病部位观察其表面组织,挑取病斑表面的小黑点,置于载玻片上的小水滴中,盖上盖玻片,在显微镜下观察病原菌的分生孢子盘和分生孢子的形态特征。

6.苹果病毒病

苹果病毒病主要为害苹果、梨、山楂等果树的叶片。发生严重时提早落叶,注意区别于早期落叶类病害。

(1)症状识别。

发病叶片散生鲜黄色病斑(见插页图3-1-9),有斑驳形、条斑形、环斑形、镶边形;不同类型病斑可能出现在同一发病的植株、枝条或叶片上。

观察受害植株的发病部位及病斑类型等特点。注意与苹果黄叶病区分。

(2)病原观察。

病原:苹果花叶病毒 apple mosaic virus(ApMV)。

病原观察:根据实验室条件安排观察,若无条件,可以网上学习。

(二)核果类果树病害

1.桃疮痂病

桃疮痂病又称桃黑星病、桃黑点病。主要为害桃、杏、李、梅、扁桃和樱桃等多种核果类果树的果实,其次为害枝梢和叶片。

(1)症状识别。

观察该病害的发病部位及其特点(见插页图3-1-10)。

(2)病原观察。

病原:嗜果黑星菌 *Venturia carpophila*,属子囊菌门,座囊菌纲,黑星菌目,黑星菌科,黑星菌属。分生孢子梗暗褐色,直立或弯曲,顶端着生分生孢子,分生孢子脱落后有明显的孢子痕;分生孢子1~2个细胞,褐色,卵形或纺锤形,两端稍尖。我国尚未发现有性阶段。

病原观察:以发病果实为例,选取典型发病部位观察其表面组织,挑取少许病斑组织置于载玻片上的小水滴中,盖上盖玻片,在显微镜下观察病原菌的分生孢子梗和分生孢子的形态特征。

2.桃、李、樱桃的褐腐病

褐腐病又称果腐病、菌核病、实腐病等,是一种世界性分布的病害。病原可寄生于桃、杏、李、樱桃和梅等核果类果树上,引起果腐、花腐和叶枯。我国从南到北各桃、杏、李产区均有发生。在核果类果树中以桃受害较重,江苏、浙江和山东等地每年都有发生,北方桃园多在多雨年份发生流行。在春季开花展叶期,如遇低温多雨,此病可引起严重的花腐和叶枯;生长后期如遇多雨潮湿天气,此病可引起果腐,使果实丧失经济价值。

(1)症状识别。

主要为害果实(见插页图3-1-11、图3-1-12),其次是花、叶及枝梢。从幼果期到成熟期均能发病,近成熟期(贮藏期)的果实受害最重,造成大量落果(烂果);受害果实不仅在果园中传染病原,而且在贮存、运输过程中也能传染导致发病,造成较大损失。观察该病害在桃、李、樱桃等果树上的发病部位及特点。将健康果实和感病果实进行对比,描述病果在不同阶段的识别特征。

(2)病原观察。

病原:有3种,分别为实生链核盘菌 *Monilinia fructicola*,引起核果类和仁果类果树褐腐病;果生链核盘菌 *Monilinia fructigena* 仁果丛梗孢,主要引起仁果类果树褐腐病;核果链核盘菌 *Monilinia laxa* 核果丛梗孢,主要引起核果类果树褐腐病。3种病原菌均属子囊菌门,锤舌菌纲,柔膜菌目,核盘菌科,链核盘菌属。病部观察到的灰色霉层即为病原菌的分生孢子座,其上着生大量分生孢子梗及分生孢子。分生孢子单胞,串生于分生孢子梗上,柠檬形或卵形。不同的病原菌引起的症状不同。

病原观察:选取典型发病部位观察其表面组织,挑取少许病部的灰霉置于载玻片上的小水滴中,盖上盖玻片,显微镜下观察病原菌分生孢子梗和分生孢子的形态特征(见插页图3-1-13)。

3.桃缩叶病

桃缩叶病在全国各桃产区均有发生。除了为害桃树,还侵染李、杏、梅、樱、杨和栎等植物;以为害叶片为主,发病严重时也会侵染嫩梢或果实。引起植物叶片早落,影响当年和次年的结实率,严重时会造成植株生长停止,枝条或整株枯死。

(1)症状识别。

观察该病害在桃树叶片上的症状(见插页图3-1-14),注意与健康叶片相比,病叶的颜色、厚度、质地、卷曲及皱缩程度等。注意将其为害特征与蚜虫对桃树的为害症状相区分。

(2)病原观察。

病原:畸形外囊菌 *Taphrina deformans*,属子囊菌门,外囊菌纲,外囊菌目,外囊菌科,外囊菌属。

病原观察:选取典型发病部位观察其表面组织,挑取病叶表面的灰白色粉状物或将叶片切片,置于载玻片上的小水滴中,盖上盖玻片,在显微镜下观察病原菌子囊和子囊孢子的形态特征。

4.桃(李)细菌性穿孔病

在全国各桃产区均有发生,是桃树的主要病害。为害性大,在多雨年份或多雨地区,常造成叶片穿孔,引起大量早期落叶和枝梢枯死,影响果实正常生长或导致花芽分化发育不良，引起落花落果和果实品质变劣。发生严重时也为害果实和枝条。除为害桃树外，还可寄生于李、杏、樱桃和梅等核果类果树上。

(1)症状识别。

叶片染病初期出现水浸状小点，后扩大成圆形或不规则形的紫褐色或黑褐色病斑，直径2 mm；果实受害后变为暗紫色，病斑圆形略凹陷，边缘水浸状，后期干枯呈龟裂状。

观察桃、李树受害叶或果实的症状，如病斑形状、颜色变化，以及病斑周围是否有黄绿色晕圈或其他。另外，选取潮湿处理条件下的病叶、枝或果，观察其病部是否有溢出黄白色菌脓的现象。通过观察，区分桃树叶片上细菌性穿孔(见插页图3-1-15)、真菌性穿孔和昆虫取食造成空洞的关键识别特征，并分析其共同点和发病条件。

(2)病原观察。

病原：树生黄单胞菌李致病变种 *Xanthomonas arboricola* pv. *pruni*，属黄单胞菌属细菌。

病原观察：选取桃树受害株的典型发病部位并观察，如叶片正反面的发病特征、病健交界处特征，以及初期症状和后期症状的对比。

5.李红点病

李红点病又称李叶肿病，在全国各李产区均有发生。主要为害叶片和果实，严重时病斑密布，病叶变黄，早期脱落。

(1)症状识别。

染病叶片初期出现橙黄色近圆形病斑，微隆起，病健交界处明显，病叶增厚，颜色加深，病部密生暗红色小粒点；秋末病叶深红色，叶片卷曲，叶面下陷，叶背凸起，产生黑色小粒点。病果表面出现橙红色圆斑，微隆起，无明显边缘，后变为红褐色，且散生许多深红色小粒点。

观察该病害对李树叶片和果实的为害状，对比病部与健康部交界处的特征。分析该病害的传播途径和发病原因。

(2)病原观察。

病原：李疔座霉菌 *Polystigma rubrum*(*Polystigmina rubra*)，属子囊菌门，黑痣菌目，疔座霉属。

病原观察：选取典型发病叶片或果实，观察病斑是否隆起，并挑取病部表面的深红色小点或颗粒，置于载玻片上的小水滴中，盖上盖玻片，在显微镜下观察病原菌子囊和子囊孢子的形态特征。

6. 桃、李白粉病

在全国各桃、李产区均有发生。主要为害桃、李、杏、樱桃等的叶片、新梢和果实。严重时，受害叶片病斑密布，变黄，早期脱落。

(1) 症状识别。

幼叶受害，叶面呈波状；被害叶片两面均产生不规则粉斑，可相互衔接成片，秋季在粉斑上形成黑色小粒点；新梢受害也会出现白色粉斑，后变为浅褐色，略微凹陷、硬化。果实发病时可引起褐色斑点，严重者果实变形。

同其他果树上白粉病发生症状相对比，观察桃、李树受害叶片或枝梢的病状和病征，并描述其主要特点。

(2) 病原观察。

病原：有 2 种，三指叉丝单囊壳 *Podosphaera tridactyla* 和蔷薇叉丝单囊壳 *Podosphaera pannosa*（旧称：蔷薇单囊壳 *Sphaerotheca pannosa*），均属子囊菌门真菌。

三指叉丝单囊壳菌丝外生。叶上菌丛很薄，发病后期近于消失。分生孢子近球形或椭球形，无色，单胞，在分生孢子梗上串生，含空泡和纤维蛋白体；分生孢子梗着生的基部细胞肥大；子囊壳球形或近球形，小型，黑色，子囊壳顶部有 2～3 条附属丝，直而稍弯曲，顶端有 4～6 次分枝；子囊壳内有 1 个子囊，长椭圆形，有短柄；子囊孢子有 8 个，椭圆形至长椭圆形，无色，单胞。该病原可侵染桃、杏、李、樱桃、梅和樱花等。

蔷薇叉丝单囊壳分生孢子椭圆形至长椭圆形，无色，单胞，在分生孢子梗上连生，含空泡和纤维蛋白体。分生孢子萌发温度为 4～35 ℃，最适温度为 21～27 ℃，在直射阳光下经 3～4 h，或在散射光下经 24 h 即丧失萌发力，但抗霜冻能力较强，遇晚霜仍可萌发。该病原仅侵染桃和扁杏。

病原观察：用解剖针挑取病部表面的白色粉状物，置于载玻片上的小水滴中，盖上盖玻片，在显微镜下观察病原菌的形态特征（菌丝体、分生孢子梗和分生孢子等）。

四、实验报告

(1)观察并对比仁果类、核果类不同果树病害的典型症状和为害情况,填写在如表3-1-1所示的表格中。

表3-1-1　仁果类、核果类果树病害的典型症状观察记录表

植物种类	病害名称	为害部位	病状	病征	病害类型

(2)绘制4种真菌性果树病害病原菌的有性或无性孢子形态特征图。

五、思考题

(1)造成苹果早期落叶的病害有哪些?

(2)如何区分苹果病毒病和苹果黄叶病两种病害的症状特点?

(3)引起桃树叶片穿孔症状的生物性病原有哪些?如何识别和诊断?

参考文献

[1]王丽兰.白粉菌属和叉丝单囊壳属形态学及分子系统学研究[D].长春:吉林农业大学,2011.

[2]郭书普.新版果树病虫害防治彩色图鉴[M].北京:中国农业大学出版社,2010.

实验二
浆果类、柑果类果树病害

常见浆果类果树有火龙果、蓝莓、猕猴桃、枇杷和葡萄等。柑果类果树包括柑橘等。

一、实验目的

识别和掌握火龙果、蓝莓等浆果类果树,柑橘等柑果类果树主要病害的症状;认识病原菌的营养体、有性及无性繁殖产生的各类型孢子的形态特征。

二、实验准备

1. 材料

火龙果、蓝莓、柑橘等果树主要病害的新鲜样本和病原菌固定玻片标本若干。

2. 器具

手持放大镜、显微镜等观察工具;解剖针、单面刀片、镊子、手术剪等常用取样工具;载玻片、盖玻片、滴瓶、吸水纸和擦镜纸等以及制作临时玻片的其他用品。

三、内容与方法

(一)火龙果病害

火龙果具有润肠通便、排毒养颜、降血脂等功效,越来越受消费者青睐,很多地区都有种植,贵州地区自2001年引种示范推广以来,取得了显著的经济、社会、生态效益。随着火龙果种植面积的扩大,火龙果茎腐病、炭疽病、溃疡病等病害在不同种植区域均有不同程度的发生,并有逐年加重的趋势,严重制约了火龙果产业的健康发展,如何做好火龙果主要病害的防治已成为火龙果生产上亟待解决的问题。

1. 火龙果溃疡病

火龙果溃疡病发生比较普遍，很多火龙果种植区域均有发生，是目前火龙果上最严重的病害，主要为害火龙果的茎秆和果实，只要温度合适，全年均可发病。

(1) 症状识别。

发病初期，茎秆和果实褪绿形成圆形小病斑，继而分别形成典型的褐色和黑色溃疡病病斑，病斑突起，扩大后相互粘连成片，部分病斑边缘形成水浸状，湿度大时病斑扩大，果实和茎秆腐烂。

观察受害枝条、嫩梢及果实标本或新采带有病征的材料，比较在不同部位上该病症状的共同点和不同点。

(2) 病原观察。

病原：新暗色柱节孢菌 *Neoscytalidium dimidiatum*，属子囊菌门，座囊菌纲，葡萄座腔菌目，葡萄座腔菌科。菌丝黑褐色、分枝、有隔膜。据相关报道，该菌可产生2种不同类型分生孢子，即具有同等无性型现象（一些真菌可产生2种或2种以上不同类型无性孢子的现象）。一种分生孢子（节孢子）由气生菌丝体上分化形成的产孢细胞以断裂的方式产生，分生孢子圆柱形、长圆形或瓶状，深棕色，壁厚，有0~2层隔膜；另一种分生孢子产生于寄主上着生的分生孢子器内，分生孢子单胞，无色，椭圆形或长椭圆形。

病原观察：取病组织上的小黑点置于载玻片上，滴一滴蒸馏水，盖上盖玻片，进行镜检，观察病原菌的形态特征（见插页图3-2-1）。

2. 火龙果茎腐病

我国各火龙果产区均有发生，主要为害火龙果枝条。此病多发生在植株中上部的嫩节上，由伤口侵染引起，与虫咬和其他创伤有关。病菌靠水流、昆虫及病健枝接触或操作工具等传播，枝条损伤等利于病原菌的入侵。冬末春初和雨水较多的6—7月发生较重。

(1) 症状识别。

感病初期枝条呈浸润状半透明，后期病部组织出现软腐状。潮湿情况下，病部流出黄色菌脓，发出腥臭，并且蔓延至整棵枝条，最后只剩中心木质部。

观察新采受害火龙果枝条、嫩梢中带有病征的材料，是否有腐烂情况。

(2)病原观察。

病原:欧文氏菌属 *Erwinia*,属原核生物界,薄壁菌门,革兰氏阴性菌,菌体短杆状。

病原观察:取发病的火龙果枝条,观察病部是否有明显的菌脓;取一小块病组织置于载玻片上,滴一滴蒸馏水,盖上盖玻片,在显微镜下观察是否有喷菌现象。

3.火龙果炭疽病

在我国各火龙果主产区发生普遍,果实与枝条上均有发生。病菌主要借助于风雨或者昆虫活动传播,人为因素也有利于孢子飞散传播,老枝和嫩梢节发病相对较轻,中部枝条发病比较严重。

(1)症状识别。

枝条初感染时,病斑为紫褐色,为直径0.5~2.0 cm的散生、凹陷小斑,后期扩大为圆形或梭形病斑,枝条组织发生病变,病斑转淡灰褐色,出现黑色细点,呈同心轮纹状排列,并突起于茎表皮上;果实感染,凹陷病斑呈现淡褐色,病斑会扩大而相互融合。

观察受害枝条、嫩梢及果实标本或新采带有病征的材料,比较在不同部位上该病症状的共同点和不同点。

(2)病原观察。

病原:刺盘孢属 *Colletotrichum* 的平头炭疽菌(*C. truncatum*)和胶孢炭疽菌(*C. gloeosporioides*)。有两种类型分生孢子,一种为镰刀形分生孢子,无色,单胞,常含有1~2个油球,分生孢子盘盘状,成熟后不规则开裂,有刚毛,刚毛褐色,有隔膜;另一种为椭圆形分生孢子,无色,单胞,有的含有1~2个油球,分生孢子盘盘状,成熟后不规则开裂,无刚毛。

病原观察:取病组织上的小黑点置于载玻片上,滴一滴蒸馏水,盖上盖玻片,进行镜检,观察病原菌分生孢子的形态特征(见插页图3-2-2)。

(二)蓝莓病害

1.蓝莓灰霉病

灰霉病病原在花期最易传播,借气流、灌溉及其他农事操作从伤口、衰老器官侵入。在雨天过后,湿度大的条件下,灰霉病病害迅速蔓延和流行,对蓝莓的产量和果实品质造成严重的影响。蓝莓灰霉病发生的严重程度与气候条件及品种关系密切。

(1)症状识别。

可为害蓝莓的果实、叶片及果柄,初期多从叶尖形成"V"形病斑,逐渐向叶内扩展而形成灰褐色病斑,后期病斑上着生灰色霉层,被感染的果实水渍状,后期软化腐烂,风干后果实干瘪、僵硬(见插页图3-2-3)。

(2)病原观察。

病原:灰葡萄孢 *Botrytis cinerea*,属子囊菌门,锤舌菌纲,柔膜菌目,核盘菌科,葡萄孢属。分生孢子梗无色,顶端细胞膨大成球形,上面有许多小梗;分生孢子单胞,无色,椭圆形,着生小梗上聚集成葡萄穗状(见插页图3-2-4)。

病原观察:取病原固定玻片或自制病原临时玻片进行镜检,观察病原的形态特征。

2.蓝莓枝条枯萎病

主要为害蓝莓茎秆,茎秆在夏季发生萎蔫甚至死亡。严重时,同一植株上多个茎秆受害。枝条枯萎病往往发生在5~15 cm长的当年生枝条上。

(1)症状识别。

主要症状是顶尖死亡。天气炎热时受害叶片变棕色,随着枝条成熟,叶片卷在枝条上呈束状(见插页图3-2-5)。枝条枯萎病侵染部位往往位于枝条基部,并呈扁平状。侵染部位的小黑点里包含孢子,孢子的传播主要是靠雨水冲刷。

(2)病原观察。

病原:间座壳属 *Diaporthe*(旧称:拟茎点霉属 *Phomopsis*),属子囊菌门,粪壳菌纲,间座壳目,间座壳科。分生孢子器内产生两种分生孢子。甲型分生孢子卵圆形至纺锤形,单细胞,能萌发;乙型分生孢子线形,一端弯曲呈钩状,不能萌发(见插页图3-2-6)。

病原观察:取病原固定玻片或自制病原临时玻片进行镜检,观察病原的形态特征。

3.蓝莓叶斑病

主要为害一年生幼苗,发病初期只见个别幼苗发病,在适合的环境条件下病害扩展迅速,常引起大面积幼苗枯死。

(1)症状识别。

病叶初期病斑为黄褐色小斑,呈圆形或不规则形,叶边缘褐色,中央灰白色,有明显的同心轮纹,并产生浓黑色小粒点,病健交界明显,病区边缘有明显的暗色坏死带(见插页图3-2-7)。

(2)病原观察。

病原:小孢拟盘多毛孢 *Pestalotiopsis microspora*,属子囊菌门,粪壳菌纲,圆孔壳目,拟盘多毛孢科,拟盘多毛孢属。分生孢子纺锤形,3~4个隔膜,中间3个细胞色深,顶细胞圆锥形,无色,顶生2~3根附属丝,长5~12 μm,基细胞无色,具长2~6 μm的短柄。(见插页图3-2-8)

病原观察:取病原固定玻片或自制病原临时玻片进行镜检,观察病原的形态特征。

4. 蓝莓红叶病

非侵染性病害,系蓝莓缺镁所致。

(1)症状识别。

发病初期蓝莓叶缘和叶脉间失绿,之后失绿叶片变黄,最后呈红色并脱落,只剩枝条。(见插页图3-2-9)

(2)病原观察。

生理性病害,无病原。

(三)柑橘病害

中国是柑橘的重要原产地之一,柑橘资源丰富,优良品种繁多,有4 000多年的栽培历史。柑橘是我国第一大类水果品种,具有较广的种植面积和较大的销量。随着柑橘种植面积的扩大和种植年限的增加,柑橘溃疡病、疮痂病、炭疽病等病害在不同种植区域均有不同程度的发生,严重制约了柑橘产业的健康发展,如何做好柑橘主要病害防治已成为生产上亟待解决的问题。

1. 柑橘疮痂病

柑橘疮痂病是柑橘重要真菌病害之一,在柑橘主产区普遍发生。主要为害新梢幼果,也可为害花萼和花瓣,严重时会导致果实畸形,进而减产。

(1)症状识别。

柑橘疮痂病主要为害柑橘的叶片、嫩枝和幼果,也可为害花瓣和花萼,严重时会导致果实畸形,造成减产。叶片受害,最初产生油渍状小点,后逐渐扩大,叶背面突起呈圆锥状或瘤状,表面粗糙,叶正面病斑凹陷;新梢受害,病斑逐渐扩大并木栓化,有明显的凸起;幼果发病,症状与叶片相似。

观察受害枝条、嫩梢及果实标本或新采带有病征的材料,比较在不同部位上该病症状的共同点和不同点。

(2)病原观察。

病原:柑橘痂囊腔菌 *Elsinoe fawcettii*。分生孢子盘散生或多数聚生,近圆形;孢子梗短,无色或灰色圆筒形,不分枝,隔膜0~3个;分生孢子着生于分生孢子梗顶端,长椭圆形,单胞,无色,内有油球。

病原观察:取病原固定玻片或自制病原临时玻片进行镜检,观察病菌分生孢子盘、分生孢子的形态特征。

2. 柑橘溃疡病、柑橘黄龙病

柑橘溃疡病是对柑橘产业威胁极大的一种细菌性病害,在我国大部分柑橘主产区都有或曾有分布,其传播途径多、传染迅速、难防,因此被列为国内外植物检疫对象。近年来,由于引种、苗木的调运和生产上的疏忽,各地柑橘产区的溃疡病有上升蔓延趋势,因此,在生产上应引起重视,以免造成重大损失。

柑橘黄龙病是由一种寄生于韧皮部筛管和薄壁细胞组织中的革兰氏阴性细菌引起的,是为害柑橘生产最严重的一种国际检疫性病害之一,为害相当猛烈,发病幼树在1~2年内死亡,老龄树在3~5年内枯死或丧失结果能力,果园可成片毁灭,是目前柑橘领域学者、专家无法根治的技术难题,尚无药物防治,但可防可控。其病害范围随着柑橘产业的不断发展而逐渐扩大。

(1)症状识别。

柑橘溃疡病受害叶片受病菌侵染,初期在叶背出现黄色或淡黄色针头大小的油浸状褪绿斑点,后期病斑中央凹陷成火山口状,呈放射状开裂,表面粗糙呈木栓化;枝梢和果实上的受害症状也与叶片上的相似,但中部凹陷、龟裂和木栓化程度比叶片上病斑更显著,病斑中央火山口开裂也更明显。

柑橘黄龙病受害叶片症状表现为均匀型黄化、斑驳型黄化、缺素状黄化等。部分新梢叶片黄化,出现"黄梢",病树的花比正常树的花开得早,花小、畸形,结果少,果实畸形,有的形成典型"红鼻子果"。

观察溃疡病受害叶、枝梢、果实标本,注意溃疡病病斑大小、形状以及其他特征与疮痂病有何区别。观察黄龙病受害叶片、嫩梢标本或新采带有病征的材料,比较在不同部位上该病症状的共同点和不同点,判断是柑橘黄龙病的三种典型症状中的哪一种。

(2)病原观察。

病原:柑橘溃疡病病原为柑橘黄单胞菌柑橘亚种 *Xanthomonas citri* subsp. *citri*。菌体短杆状,两端钝圆,极生单鞭毛,常数个相连成链状,有荚膜,无芽孢。柑橘黄龙病[citrus huanglongbing(HLB)]病原为亚洲韧皮杆菌 *Candidatus* Liberobacter asiaticum,属韧皮部杆菌属细菌。病原菌呈圆形、卵圆形。

病原观察:取一小块病部组织置载玻片上,滴一滴蒸馏水,然后在低倍镜下观察是否可见切口处溢出菌脓。

3.柑橘炭疽病

柑橘炭疽病是一种世界性的、为害较重的病害。主要为害叶片,其次是果实及枝梢,也可为害大枝、花和果梗。可引起落叶、枝梢枯死、果实腐烂及落果;带病果实常在贮运期间发生腐烂,所以又是一种重要的采后病害。

(1)症状识别。

发病症状有慢性型(叶斑型)和急性型(叶枯型),慢性型病斑圆形或近圆形,稍凹陷,病健交界明显,病斑表面密布散生或呈同心轮纹状排列的小黑点。急性型发病初为暗绿色,像被开水烫过的样子,病健交界边缘不明显,叶卷曲,叶片很快脱落。

观察叶片、枝梢、果实上炭疽病的各种症状标本,注意叶斑型(慢性型)和叶枯型(急性型)的区别。

(2)病原观察。

病原:盘长孢状刺盘孢 *Colletotrichum gloeosporioides*。分生孢子长椭圆形,两端钝圆,一端稍细,中部稍收缢,无色,单胞,球形,两端常有油球。

病原观察:取病原菌固定玻片或自制病原菌临时玻片进行镜检,注意观察分生孢子盘上是否有黑褐色刚毛。

四、实验报告

(1)选取4种果树病害,观察其发病部位的病状及病征,并完成观察记录表(见表3-2-1)。

表3-2-1　果树病害症状观察记录表

果树种类	病害名称	发病部位	病症类型

(2)任选3种果树病害,绘制其病原形态图。

五、思考题

(1)对比观察火龙果炭疽病、茎腐病和溃疡病三种病害的标本后,区别其症状特点。

(2)柑橘溃疡病和柑橘疮痂病在叶和果实的症状上有什么区别?如何区分它们?

(3)如何区别蓝莓生理性病害和非生理性病害的主要特征?举例说明。

参考文献

[1]郭书普.新版果树病虫害防治彩色图鉴[M].北京:中国农业大学出版社,2010.

[2]陈胜,季伟灵.柑橘疮痂病的发生与防治技术[J].果农之友,2015(9):29.

[3]北京农业大学.农业植物病理学[M].北京:农业出版社,1982.

[4]易润华,甘罗军,晏冬华,等.火龙果溃疡病病原菌鉴定及生物学特性[J].植物保护学报,2013,40(2):102-108.

第四章

粮食作物病害

实验一
水稻病害

水稻是我国栽培历史悠久的农作物,我国水稻产量居世界首位,水稻在粮食生产中具有举足轻重的地位,关系着国计民生。近年来,由于受种植业结构调整、耕作栽培方式改变、气候变化等多种因素的影响,水稻病虫害呈加重发生的趋势,对水稻安全生产构成了严重威胁。

对近年的农作物主要病虫害发生为害情况的统计和分析表明,水稻生产中全国性的比较严重的病害主要有水稻稻瘟病、纹枯病、稻曲病、细菌性条斑病及细菌性褐斑病(近几年传播较快)。

一、实验目的

真菌病害是水稻最大的一类病害,其中稻瘟病、水稻纹枯病在全国各个稻区均有发生,造成的经济损失最大,是严重威胁水稻生产安全的重要因素。正确识别水稻真菌病害以及掌握诊断鉴定技术,对于水稻病害防治具有重要意义。

通过对水稻不同类别真菌病害的症状识别与相关病原的显微形态观察,学生熟悉和掌握重要病害的症状特点和病原的显微形态学特征,从而进一步巩固理论教学知识,提高实际运用能力。

二、实验准备

1.材料

籼稻品种台中本地1号(TN1)水稻幼苗新鲜材料;稻瘟病、水稻纹枯病、稻曲病等病原菌的盒装标本,实物照片,病原菌固定玻片,病原菌培养物等。

2. 器具

手持放大镜、显微镜等观察工具；解剖针、单面刀片、镊子、手术剪等常用取样工具；载玻片、盖玻片、滴瓶、吸水纸和擦镜纸等以及制作临时玻片的其他用品。

三、内容与方法

1. 稻瘟病

稻瘟病又叫稻热病、吊颈瘟，是农作物病害中流行性最强的病害之一，如遇气候适宜、品种高感、生育期敏感等条件，常在短时间内大面积暴发流行，因猝不及防，造成大面积绝收，一般可造成减产20%～40%。

（1）症状识别。

稻瘟病常常发生在日照少，雾、露持续时间长的山区和丘陵地区的稻田中。在水稻整个生育阶段均能发生，主要为害水稻叶片、茎秆、穗部。按照为害时期和为害部位的不同，可分为苗瘟、叶瘟、节瘟、穗颈瘟、谷粒瘟等。以穗颈瘟和节瘟对产量影响最大，造成白穗，大面积减产失收，病重田块颗粒无收。

苗瘟：秧苗三叶期以前，叶片上出现水渍状（水浸状）斑点，病苗灰黑色，卷缩枯死。

叶瘟：分蘖盛期发病较多。初期病斑为水渍状褐点，以后病斑逐步扩大，最终造成叶片枯死。叶片病斑主要有两种：急性型病斑，呈暗绿色，多近圆形或椭圆形；慢性型病斑，多为梭形，外围有黄色晕圈，内部为褐色，中心灰白色，有褐色坏死线向两头延伸。

穗颈瘟：在抽穗期发生，稻穗的颈部变成灰黑色，使水稻形成白穗、不勾头，或者谷粒不饱满。

节瘟：主要发生于抽穗期，水稻的稻节变黑，容易折断，使水稻形成白穗或秕谷，一株水稻上可以有2～3个节同时受害。

谷粒瘟：谷粒上产生褐色病斑，中央灰白色。（见插页图4-1-1）

（2）病原观察。

病原：稻梨孢 *Pyricularia oryzae*（旧称：稻大角间座壳 *Magnaporthe oryzae*）。

病原观察：取新鲜材料或者病原培养物制备临时玻片，在显微镜下观察病原分生孢子梗、孢子基部和顶部、孢子中隔膜等的特征。

2. 水稻纹枯病

水稻纹枯病俗称花脚杆、烂脚瘟,是水稻重要病害之一。苗期至穗期都可发病,一般在水稻分蘖期高温、高湿条件下发生侵染。近年来,随着水稻高产、多蘖、粗秆大穗型栽培种的推广,过量施用氮肥以及种植密度的加大,田间通风变得很差、湿度变大,这为纹枯病菌侵染提供了有利的环境条件。由水稻纹枯病菌侵染造成的病害损失达10%～50%,其已发展成为制约我国水稻高产的主要病害。

(1)症状识别。

该病可在水稻生长期内任意时期发生,其中以抽穗期前后发病最为严重,主要发生在叶鞘,严重时可以扩展到叶片甚至植株穗部和茎秆内部。潮湿时病斑可见白色菌丝,后期菌丝集结成菌核。叶鞘染病在近水面处产生暗绿色水浸状边缘模糊小斑,后渐扩大,呈椭圆形或云纹形,病斑中部呈灰绿或灰褐色;湿度低时病斑中部淡黄或灰白色,中部组织破坏呈半透明状,边缘暗褐。发病严重时数个病斑融合形成大病斑,呈不规则状云纹斑,常致叶片发黄枯死。叶片染病病斑也呈云纹状,边缘褪黄,发病快时病斑呈污绿色,叶片很快腐烂。茎秆受害症状类似叶片,后期呈黄褐色,易折。穗颈部受害初为污绿色,后变灰褐,常不能抽穗,抽穗的秕谷较多,千粒重下降。(见插页图4-1-2)

(2)病原观察。

病原:立枯丝核菌 *Rhizoctonia solani*,属担子菌门,蘑菇纲,鸡油菌目,角担菌科,丝核菌属。幼嫩营养菌丝分枝与主枝成锐角,老熟菌丝分枝与再分枝一般成直角,分枝处缢缩,距分枝不远有分隔。

病原观察:在显微镜下观察病原菌特征时,注意菌丝的分枝情况——菌丝分枝处是否有分隔?幼嫩菌丝和老熟菌丝在形态上有何区别?观察菌核形态、大小等特点。

3. 稻曲病

稻曲病又叫作假黑穗病、绿黑穗病、青粉病和丰收病。在世界水稻产区内均有分布。水稻感染稻曲病后,不仅产量会受到重大损失,同时还会污染谷粒中的米粒,会产生稻曲毒素和黑粉菌素,人畜食用这种稻米,会造成大脑和心脏多个脏器发生病变,严重为害人类健康。

(1)症状识别。

该病仅在穗部发生,侵染部分谷粒,且多发生在水稻抽穗扬花期。当谷粒受到病害侵袭后,先在颖壳内部长出黄绿色菌丝块,逐渐膨大,最后包裹全颖壳,逐渐变成墨绿色或橄榄色稻曲球,随着病情加剧,稻曲球破裂,释放出大量的黄色和墨绿色的孢子,成为再侵染源。(见插页图4-1-3)

(2)病原观察。

病原:稻绿核菌 *Ustilaginoidea virens*,属子囊菌门,粪壳菌纲,肉座菌目,麦角菌科,绿核菌属。菌核产生在水稻的少数小穗上,通常3～5粒,呈球形,不规则或扁平,直径0.5～0.9 cm,表面深橄榄绿色或墨绿色,内部橙黄色,中央呈白色,表面呈现一层粉末,即分生孢子。分生孢子球形,绿色,有小刺,直径4～7 μm。分生孢子萌发,可再次产生分生孢子。

病原观察:实验时注意镜检观察其菌核结构和分生孢子形态。

4. 水稻细菌性条斑病

水稻细菌性条斑病又叫作细条病,是一种细菌性病害。水稻分蘖盛期到始穗期,植株抗病能力较弱,水稻细菌性条斑病极易在此刻侵袭成功,如遇高温高湿天气,尤其是暴雨或台风过后,病原菌大量扩散,易发生该病害。水稻发病后,一般秕粒增多,为害严重则影响抽穗灌浆,造成重大损失,一般减产15%～25%,严重时可达40%～60%。

(1)症状识别。

主要为害水稻叶片,尤其是新鲜幼嫩的叶片受到的侵害最为严重。受害叶片出现水渍状半透明小点病斑,随病情加剧,病斑沿叶脉不断扩大,形成淡黄色的短条斑,同时病斑处会出现许多黄色菌脓,干燥后形成胶状小粒,田间出现一片黄白色。

(2)病原观察。

病原:黄单胞菌条斑致病变种 *Xanthomonas oryzae pv. oryzicola*,属薄壁菌门,假单胞细菌目,黄单胞杆菌属。菌体杆状;多单生或个别成双链;有极生鞭毛1根,不形成芽孢和荚膜,为革兰氏阴性菌。

病原观察:取病原固定玻片或自制病原临时玻片进行镜检,观察病原的形态特征。

四、实验报告

(1)简述稻瘟病和水稻纹枯病的症状识别要点。

(2)绘制水稻病害的病原显微形态图。

五、思考题

(1)稻瘟病和水稻纹枯病的发生条件有什么不同?

(2)试结合水稻主要病害的发生特点,分析其病害防控管理的重要意义。

参考文献

[1]赖传雅,袁高庆.农业植物病理学(华南本)[M].2版.北京:科学出版社,2008.

[2]郑盛友.水稻稻瘟病综合防治技术及其推广策略[J].南方农业,2022,16(4):66-68.

[3]何晓灵,覃飞凤.水稻纹枯病与稻瘟病的发生及防治[J].广东蚕业,2021,55(9):15-16.

[4]邢艳,王军,杨娟,等.水稻稻曲病的发生规律及防治方法[J].植物医生,2021,34(4):67-71.

实验二
玉米病害

我国是第二大玉米生产国,其产量占世界的20%左右,玉米在我国的播种面积已超过水稻,跃居粮食作物第一位。随着种植制度改革、种植面积加大、栽培品种更换,以及全球气候变化等,玉米病虫害日趋严重,给玉米安全生产造成严重威胁。玉米病害数量因其生育期而异,苗期病害一般较少。玉米穗期病害主要是玉米大斑病、小斑病、圆斑病、纹枯病、黑粉病和黑穗病等;玉米花粒期病害主要是茎腐病和干腐病。

一、实验目的

识别和掌握玉米主要病害的症状;认识病原菌的营养体及繁殖体的形态特征;学习绘制病害症状图和病原形态图;学习临时玻片制备、徒手切片技术等。

二、实验准备

1. 材料

玉米主要病害的新鲜样本和病原菌固定玻片标本若干。

2. 器具

手持放大镜、显微镜等观察工具;解剖针、单面刀片、镊子、手术剪等常用取样工具;载玻片、盖玻片、滴瓶、吸水纸和擦镜纸等以及制作临时玻片的其他用品。

三、内容与方法

(一)玉米穗期主要病害

1. 玉米大斑病

玉米大斑病又称条斑病、煤纹病、枯叶病、叶斑病等,主要为害玉米叶片,严重时也为害叶鞘和苞叶,先从植株下部叶片开始发病,后向上扩展。玉米大斑病的流行除与玉米品种感病程度有关外,还与环境条件关系密切。温度20～25 ℃、相对湿度90%以上利于病害发展。气温高于25 ℃或低于15 ℃,相对湿度小于60%,持续几天,病害的发展就受到抑制。在春玉米区,从拔节到出穗期间,气温适宜,又遇连续阴雨天,病害发展迅速,易大流行。玉米孕穗、出穗期间氮肥不足发病较重。低洼地、连作地或密度过大时易发病。

(1)症状识别。

叶片染病先出现水渍状青灰色斑点,然后沿叶脉向两端扩展,形成边缘暗褐色、中央淡褐色或青灰色的大斑。病斑长梭形,灰褐色或黄褐色,长5～10 cm,宽1 cm左右,有的病斑更大,严重时叶片枯焦。天气潮湿时,病斑上可密生灰黑色霉层。此外,有一种发生在抗病品种上的病斑,沿叶脉扩展,为褐色坏死条纹,一般扩展缓慢。夏玉米一般较春玉米发病重。后期病斑常纵裂;严重时病斑融合,叶片变黄枯死。下部叶片先发病。在单基因的抗病品种上表现为褪绿病斑,病斑较小,与叶脉平行,色泽黄绿或呈淡褐色,周围暗褐色,有些表现为坏死斑。

(2)病原观察。

病原:大斑病凸脐蠕孢 *Exserohilum turcicum*,属子囊菌门,座囊菌纲,格孢腔菌目,格孢腔菌科,凸脐蠕孢属。有性态为大斑毛球腔菌。病原菌在田间残留病株上以菌丝体和分生孢子两种形态越冬,成为翌年初侵染源,种子也能携带少量病菌。发病适温20～28 ℃。条件适宜时,病菌繁殖迅速,产生大量分生孢子,借风力传播。

病原观察:用解剖针挑取病部表面的褐色霉层,置于载玻片上的小水滴中,盖上盖玻片,在显微镜下观察病原菌分生孢子梗和分生孢子的形态特征。

2.玉米小斑病

玉米小斑病又称玉米斑点病,是我国玉米产区重要病害之一,在黄河和长江流域的温暖潮湿地区发生普遍且严重。安徽省淮北地区是此病发生严重的夏玉米产区。玉米小斑病一般造成减产15%～20%,减产严重时超过50%,甚至绝收。河南省夏玉米地区此病害流行的关键时期是7—8月份,此时月平均气温25 ℃以上,降水多。玉米连茬种植,土壤肥力差,播种过迟等情况下易于发病。

玉米小斑病的初侵染菌源主要是上年收获后遗落在田间或玉米秸秆堆中的病残株,其次是带病种子,从外地引种时,有可能引入致病力强的小种而造成损失。玉米生长季节内,遇到适宜温湿度,越冬菌源产生分生孢子,传播到玉米植株上,在叶面有水膜条件下萌发侵入寄主,遇到适宜发病的温湿度条件,经5～7 d即可重新产生新的分生孢子进行再侵染,这样经过多次再侵染造成病害流行。在田间,最初植株下部叶片发病,向周围植株传播扩散(水平扩展),病株达一定数量后,向植株上部叶片扩展(垂直扩展)。自然条件下,还侵染高粱。

(1)症状识别。

在玉米整个生育期内均可发生,以玉米抽雄、灌浆期发病最为严重。主要为害叶片,其次是叶鞘、苞叶和果穗。在叶片上病斑较小,数量较多,高温高湿条件下,病斑表面密生一层灰色霉状物。因玉米品种和病原菌生理小种不同,表现为三种病斑类型:

A.病斑为椭圆形或近长方形,多限于叶脉之间,黄褐色,边缘褐色或紫褐色,多数病斑连片以后,病叶变黄枯死。

B.病斑为椭圆形或纺锤形,较大,不受叶脉限制,灰色或黄褐色,边缘褐色或无明显边缘,有的后期稍有轮纹;苗期发病时,病斑周围或两端形成暗绿色浸润区,病斑数量多时,叶片很快萎蔫死亡。

C.病斑为黄褐色坏死小斑点,一般不扩大,周围有黄色晕圈,表面霉层极少,通常多在抗病品种上出现。

叶鞘和苞叶上病斑较大,纺锤形,黄褐色,边缘紫色或不明显,表面密生灰黑色霉层。果穗受害时,病部为不规则的灰黑色霉区,严重时,引起果穗腐烂,下垂掉落,种子发黑腐烂,影响发芽和出苗,常导致幼苗枯死。

(2)病原观察。

病原:玉蜀黍平脐蠕孢 *Bipolaris maydis*,属子囊菌门,座囊菌纲,格孢腔菌目,格孢腔菌科,平脐蠕孢属。分生孢子梗单生或2至多根丛生,褐色,直或有膝状曲折,有3～12个隔膜,多数为6～8个隔膜,基细胞膨大。分生孢子椭圆形、长椭圆形、柱形或倒棍棒形,中间或中间稍下处最宽,两端渐细小,褐色至深褐色,两端细胞钝圆形,脐点明显,凹入基细胞内,1～15个隔膜,多数为6～8个隔膜。子囊壳近球形,直径为0.4～0.6 mm,黑色,表面布满分生孢子梗及菌丝,有一嘴形孔口。子囊有短柄,顶端圆形,内有4个子囊孢子。子囊孢子丝状,平行排列,互相缠绕成卷线状,有5～9个隔膜。

病原观察:用解剖针挑取病部表面的灰色霉状物,置于载玻片上的小水滴中,盖上盖玻片,在显微镜下观察病原菌的形态特征(分生孢子梗和分生孢子等)。

3. 玉米圆斑病

(1)症状识别。

主要为害果穗、叶片、苞叶,叶鞘也可受害。为害果穗,造成穗腐,病菌可深达穗轴。病部变黑凹陷,使果穗变形弯曲。籽粒变黑、干瘪。叶片上病斑散生,初为水浸状,淡绿色或淡黄色小斑点,以后扩大成圆形或卵圆形斑,有同心轮纹,病斑中部淡褐色,边缘褐色。苞叶上病斑初为褐色斑点,后扩大为圆形大斑,也具有同心轮纹,表面密生黑色霉层。

由于穗部发病较重,所以带菌种子的传病作用更大,有些感病种子不能发芽而在土中腐烂,有时引起幼苗发病或枯死。遗落在田间或秸秆垛上的病株残体以及果穗籽粒上潜存的菌丝体均可安全越冬,成为第二年田间发病的初侵染源。越冬病菌第二年条件适宜时产生分生孢子传播到玉米植株上,萌发侵入。病斑上产生的分生孢子借风雨传播,进行再侵染。

(2)病原观察。

病原:玉米离蠕孢 *Bipolaris zeicola*。分生孢子长椭圆形,中部最粗,两端渐细,两顶端细胞钝圆形,多数直,少数向一方弯曲,胞壁较厚,有4~10个隔膜,脐点不明显;分生孢子梗深褐色,单生或2~6根束生,直立或有膝状曲折。

病原观察:用解剖针挑取病部表面的褐色或黑色霉层等,置于载玻片上的小水滴中,盖上盖玻片,在显微镜下观察病原菌分生孢子梗和分生孢子的形态特征。

4. 玉米纹枯病

玉米纹枯病是玉米生产中的重要病害之一,我国各地都有不同程度发生,一般造成减产10%左右,病害严重地块减产30%~40%。温度25~30 ℃、湿度90%是引发该病害的重要条件。炎热夏季的长雨期通常是玉米纹枯病的高发期。

(1)症状识别。

主要为害玉米叶鞘,病斑为圆形或不规则形,淡褐色,水浸状,病健部界限模糊,病斑连片融合成较大型云纹状斑块,中部为淡土黄色或枯草白色,边缘褐色。叶鞘受害后,病菌常透过叶鞘而为害茎秆,形成下陷的黑褐色斑块。湿度大时,病斑上常出现很多白霉,即菌丝和担孢子,后结成白色小绒球,逐渐变成褐色菌核。有时在茎基部数节出现明显的云纹状病斑。病株茎秆松软,组织解体。

以菌核形态在土中越冬,第二年侵染玉米,先在玉米茎基部叶鞘上发病,逐渐向上和四周发展,一般在玉米拔节期开始发病,抽雄期病情发展快,吐丝灌浆期受害重。玉米连茬种植,发病重;高水肥、密度大、田间湿度大、通风透光不良,发病重。7—8月份降水次数多,降水量大,易诱发病害。

(2)病原观察。

病原:立枯丝核菌 *Rhizoctonia solani*。初生菌丝无色,较细,分隔距离较大。分枝近直角或锐角,分枝处大多有缢缩现象,离分枝不远有隔膜。细胞长度中等,菌核较大,一般单个菌核直径为1～5 mm,最大可超过15 mm。

病原观察:用解剖针挑取病部表面的白色霉层或小绒球,置于载玻片上的小水滴中,盖上盖玻片,在显微镜下观察病原菌菌丝体的形态特征。

5.玉米黑粉病

玉米黑粉病又名瘤黑粉病、黑穗病等,为局部侵染病害,在玉米整个生育期都可发生。玉米的气生根、茎、叶、叶鞘、雌(雄)穗均可受害。玉米种植密度过大、偏施氮肥、菌源多、降水多、湿度大,发病较重。组织有伤口时有利于病菌入侵。

(1)症状识别。

病组织肿大成瘤。病瘤表面有白色、淡红色,以后逐渐变为灰白色至褐色的薄膜,最后外膜破裂,散出黑褐色粉末。通常叶片和叶鞘上的瘤较小,直径仅1～2 cm或更小,一般不产生黑粉。茎节上和穗上病瘤较大,直径可达15 cm。一株玉米可产生多个病瘤。雄穗受害部位多长出囊状或角状小瘤;雌穗受害部位多在上半部,仅个别小花受害产生病瘤,其他仍能结实;全穗受害可成为1个大病瘤。

(2)病原观察。

病原:玉蜀黍黑粉菌 *Ustilago maydis*,属担子菌门,黑粉菌纲,黑粉菌目,黑粉菌科,黑粉菌属。病菌以冬孢子(厚垣孢子)形态在土壤中和病株残体上越冬,春季条件适宜时,萌发产生担子和担孢子,随气流传播,陆续引起幼苗和成株发病。孢子萌发适温26～30 ℃。

病原观察:用解剖针挑取病部表面的黑粉,置于载玻片上的小水滴中,盖上盖玻片,在显微镜下观察病原菌冬孢子的形态特征。

6.玉米丝黑穗病

玉米丝黑穗病又称乌米、哑玉米,全世界玉米产区几乎均有发生,我国以东北、西北、华北和南方冷凉山区的连作玉米田块发病较重。该病害是在玉米苗期发生的一种系统性侵染病害,病菌侵染种子萌发后产生的胚芽,菌丝进入胚芽顶端分生组织后随生长点生长,但直到穗期才能在雄穗和雌穗上见到典型症状。严重时,一般田块发病率为2%~8%,重病田发病率高达60%~70%。由于玉米丝黑穗病直接导致果穗全部受害,发病率几乎等同于损失率,所以一旦发生对产量影响较大。

(1)症状识别。

在雌、雄穗抽出后表现症状。发病早的植株,果穗和雄穗均受害,发病较晚的常果穗受害。病果穗较健穗短,顶端尖,不抽花丝,整个果穗变成病瘿,后期苞叶张开,内部黑粉散落后,残留丝状的寄主维管束组织,似乱发状。雄穗早期受害,整个花序变为厚垣孢子团。

一年侵染1次,无再侵染。以厚垣孢子形态在土壤、粪肥和种子上越冬。厚垣孢子在土壤中遇到适宜条件萌发产生菌丝,由玉米幼芽入侵,最后进入雄花和果穗,产生大量厚垣孢子。玉米播种后至五叶期,土壤温度湿度是否适宜,是影响病菌入侵的主要因素。

(2)病原观察。

病原:丝孢堆黑粉菌 *Sporisorium reilianum*,属担子菌门,黑粉菌纲,黑粉菌目,黑粉菌科,孢堆黑粉菌属。冬孢子(厚垣孢子)近圆球形或卵形,黑褐至赤褐色,表面有细刺,萌发时产生先菌丝和担孢子。冬孢子黄褐或赤褐色,球形或近球形。冬孢子间有时混有不孕细胞,表面光滑,近无色,球形或近球形。冬孢子未成熟前集合成孢子球,成熟后分散。冬孢子萌发产生具3个分隔的先菌丝,侧生担孢子。担孢子又可芽生次生担孢子。担孢子无色,单胞,椭圆形。

病原观察:用解剖针挑取病部的黑粉,置于载玻片上的小水滴中,盖上盖玻片,在显微镜下观察病原菌冬孢子、先菌丝和担孢子的形态特征。

(二)玉米花粒期主要病害

1.玉米茎腐病

玉米茎腐病为全株表现症状的病害,玉米乳熟至蜡熟期为显症高峰期。田间以病株残体、病田土壤和带菌种子为初侵染源。越冬病菌在玉米播种后至抽雄吐丝期陆续由根系侵入,在植株体内蔓延扩展。玉米灌浆至成熟期,遇高温、高湿有利于发病。

(1)症状识别。

一般由下部叶片向上逐渐扩展,呈现青枯状。有的病株在雨后出现急性症状,全株急骤青枯。病株茎基部变软,内部空松,遇风易倒折。剖茎检查,髓部空松,根、茎基部可见到红色病状。

(2)病原观察。

病原:引起玉米茎腐病的病原有多种,该病最重要的一类是真菌型茎腐病,是由多种病原菌单独或复合侵染造成根系和茎基腐烂的一类病害,主要由腐霉菌、炭疽菌和镰刀菌侵染引起,在玉米植株上表现的症状有所不同。其中,腐霉菌生长的最适温度为23~25 ℃,镰刀菌生长的最适温度为25~26 ℃,在土壤中腐霉菌生长要求湿度条件较镰刀菌高。

病原观察:取病原固定玻片或自制病原临时玻片进行镜检,观察病原的形态特征。

2. 玉米干腐病

玉米干腐病在玉米生长后期发病较重。主要分布于辽宁、云南、贵州、广东、陕西、湖北和四川等省。病果穗往往提早成熟,病轻的部分籽粒霉腐,病重的全穗霉腐,不能食用。如用受害的玉米芯和秆饲喂牛、羊,会发生麻痹性中毒;而猪、马食后则无害。玉米生长前期遇有高温干旱,气温28~30 ℃,雌穗吐丝后半个月内遇有多雨天气利其发病。一般因病减产10%~20%,严重的超过50%。

(1)症状识别。

为害茎秆和果穗。茎秆基部和果穗处的茎秆生褐色、黑褐色、紫红色大病斑,严重时茎秆从病部折断。病果穗穗轴变松,易折断,病穗下部籽粒变褐色无光泽,粒间常有白色菌丝体,病穗与苞叶粘连,不易剥开。以菌丝及分生孢子器形态在病株残体和种子上越冬,玉米生长季节产生分生孢子借气流传播,高温多雨有利于病原菌的侵染和发病。种子带菌是远距离传播的主要途径。播种后降水多,土壤湿度大,温度低,幼苗长势弱,容易发病。

(2)病原观察。

病原:玉米狭壳柱孢 *Stenocarpella maydis*,属子囊菌门,粪壳菌纲,间座壳目,间座壳科,狭壳柱孢属。分生孢子器圆形或梨形稍扁,具有黑色的器壁和圆形乳头状孔口,分生孢子梗短而尖,分生孢子器中能形成大量暗褐色的分生孢子。分生孢子圆柱形、椭圆形或弯曲,两端钝圆,具有1～3个隔膜,大小为(13～33)μm×(3～7)μm。

病原观察:用解剖针挑取病部表面的白色菌丝或黑色小点,置于载玻片上的小水滴中,盖上盖玻片,在显微镜下观察病原菌分生孢子器和分生孢子的形态特征。

四、实验报告

(1)通过观察,对比玉米大斑病、小斑病和圆斑病的症状识别特征及其发病原因。
(2)绘制实验观察的病原显微形态图。

五、思考题

(1)试述玉米病害中哪些属于系统性侵染病害,为害特点是什么。
(2)诊断时如何区分玉米丝黑穗病和玉米黑粉病的发病特征?

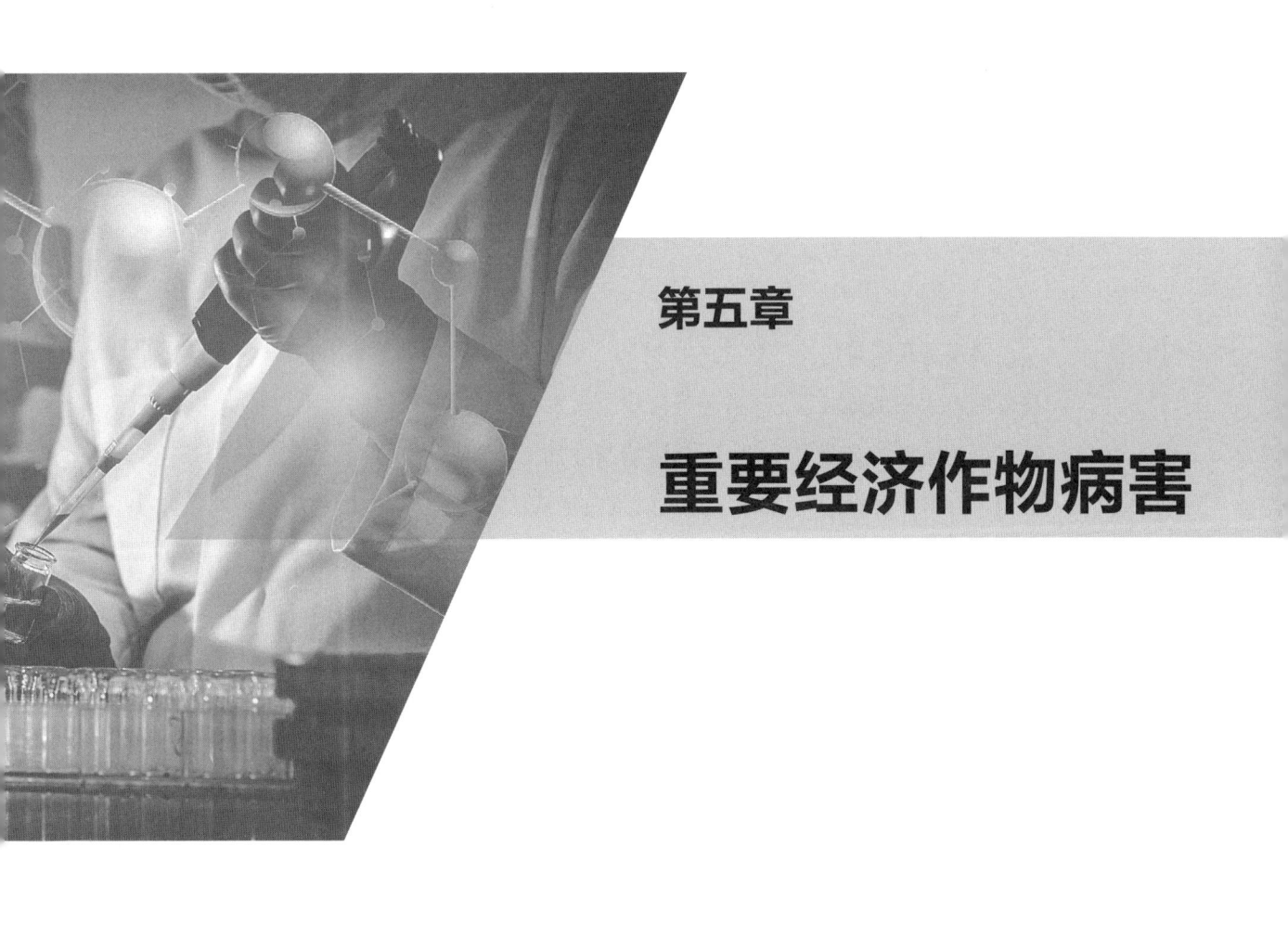

第五章

重要经济作物病害

实验一
茶树病害

贵州是我国茶树原产区之一。茶园多分布在海拔高、云雾多、日照少、降水充沛、昼夜温差大的坡地丘陵,有利于茶树病虫害发生。其中,茶树病害不仅种类多,而且直接影响茶叶的产量和质量,还会影响茶叶加工业的发展。目前已有记载的茶树病害全国有100余种,贵州有20余种,以茶白星病、茶饼病和茶炭疽病的发生对茶叶生产影响较大。

一、实验目的

通过实验,了解茶园叶芽部病害种类;学会识别茶园主要叶芽部病害为害症状;掌握其发生规律、防治适期及综合防治的方法。

二、实验准备

1. 材料

茶白星病、茶饼病、茶炭疽病等茶树主要病害的新鲜样本和病原菌固定玻片标本若干。

2. 器具

手持放大镜、显微镜等观察工具;解剖针、单面刀片、镊子、手术剪等常用取样工具;载玻片、盖玻片、滴瓶、吸水纸和擦镜纸等以及制作临时玻片的其他用品。

三、内容与方法

1. 茶白星病

茶白星病是茶树嫩芽叶部重要病害之一。国内主要分布在江南、西南等地区的高山茶园,日本、印度、斯里兰卡、坦桑尼亚等国家和地区也有分布。茶树受害后,新梢芽叶形成无数小型病斑,芽叶生长受阻,产量下降。用病叶制成干茶,汤色浑暗,苦味异常,对成茶品质影响极大。

气温16～24 ℃,相对湿度高于80%易发病。气温高于25 ℃则不利于其发病。每年主要在春、秋两季发病,5月份是发病高峰期。高山茶园或缺肥贫瘠茶园、偏施过施氮肥易发病,采摘过度、茶树衰弱的发病重。

(1)症状识别。

春季是发病高峰期,秋雨季节亦可发病。主要为害茶树嫩芽叶、叶柄、嫩茎,尤以芽叶和嫩叶上为多(见插页图5-1-1)。发病初期,嫩叶正面上呈现针头状褐色小点,多数呈圆形,直径约为0.2～1.3 mm。病叶上病斑少则几十个,多则上百个,常多个连接成不规则形大斑;成熟病斑中央灰白,其上散生黑色小粒点。病梢生长缓慢,芽叶节间缩短,对夹叶增多。严重时,病部组织枯死。

(2)病原观察。

病原:叶点霉属真菌 *Phyllosticta theaefolia*。分生孢子器球形至扁球形,暗褐色,顶端具乳头状孔口,初埋生,后突破表皮外露。分生孢子椭圆形至卵圆形,单胞,无色。

病原观察:用解剖针挑取病部表面的褐色或黑色小点,置于载玻片上的小水滴中,盖上盖玻片,在显微镜下观察病原菌分生孢子器和分生孢子的形态特征。

2. 茶饼病

茶饼病又称叶肿病、疱状叶枯病,是重要的茶树芽叶病害之一。以云南、贵州、四川3省的山区茶园发病较重,近年来在浙江、福建、湖北、海南、广西和安徽等省份山区茶园发生较多。主要为害茶树嫩叶和新梢,一般茶园发病率20%～30%,重病茶园达60%～80%,整个茶园幼嫩组织上都布满白色疱状病斑,严重影响茶叶产量。若用病叶制出成茶,则茶味苦涩,汤色浑暗,叶底花杂,碎片多,水浸出物中茶多酚、氨基酸总量等指标均下降。

(1)症状识别。

该病害从幼芽、嫩叶、嫩梢、叶柄、花蕾到幼果都可为害,以嫩叶嫩梢受害最重。被害嫩叶最初在叶面产生淡黄色、淡绿色或淡红色半透明小点,病斑逐渐扩大,叶背同时隆起呈饼状,以后叶背病斑表面产生灰白色粉状物,随着病斑成熟,粉末增厚为纯白色疱状病斑,茶饼病由此得名。叶上病斑多时可相互融合为不规则的大斑。叶缘、叶脉感病后使叶片卷曲、对折。后期病斑上白粉消失或不明显,病斑逐渐干缩成

褐色枯斑,但病斑边缘仍为灰白色环状,病叶逐渐凋萎以至脱落。(见插页图5-1-2)

对比观察茶树上该病害的发病部位及症状;理解茶饼病的侵染循环规律及要素。

(2)病原观察。

病原:坏损外担菌 *Exobasidium vexans*,属担子菌门,外担菌纲,外担菌目,外担菌科,外担菌属。该病原菌需要在活组织内生活,随病组织凋亡潜伏菌丝体也随之死亡。菌丝体无色,生长于病组织叶肉细胞间。担子圆筒形或棍棒形,顶端稍圆、无色,顶部具有担孢子梗;担孢子呈肾形、长椭圆形稍弯曲或纺锤形。

病原观察:用解剖针挑取病部表面的白色粉末,置于载玻片上的小水滴中,盖上盖玻片,在显微镜下观察病原菌的形态特征(担子和担孢子等)。

3.茶炭疽病

茶炭疽病是为害成叶部位的重要病害之一。除茶树外,还为害山茶、油茶等植物。分布于我国各产茶区,通常在浙江、四川、湖南、云南、安徽等产茶省份发生较多,在雨水多、湿度大的年份和季节发生较重,在有些茶树品种上甚至出现大批枯焦的叶片。茶炭疽病为害后的茶园,可见明显的发病中心,发病严重的地块,病害中心连接在一起,看上去像一片火烧状,轻轻一碰,茶树叶片就会掉落。在秋季茶炭疽病发生严重的茶园,翌年春茶可减产10%～20%。

(1)症状识别。

茶炭疽病发生于当年生的成叶上。一般从叶片边缘或叶尖开始发病,初期为浅绿色病斑,水渍状,迎光看病斑呈半透明状,后水渍状病斑逐渐扩大,仅边缘半透明且透明范围逐渐缩小,直至消失,颜色渐转红褐色,最后变为灰白色,病健分界明显。成形的病斑常以叶片中脉为界,后期在病斑正面散生许多细小的黑色粒点,这是病菌的分生孢子盘。茶园中残留病叶均是初侵染源。发病严重的茶园可引起大量落叶。

对比观察茶树上该病害的发病部位及症状;理解茶炭疽病的侵染循环规律及要素。

(2)病原观察。

病原:茶炭疽病菌 *Gloeosporium theae-sinensis*,属半知菌亚门盘长孢属真菌。分生孢子盘黑色,圆形,初埋生于表皮下,后期突破表皮外露;分生孢子盘内有许多分生孢子梗,顶端着生分生孢子。分生孢子单胞,无色,两端稍尖,纺锤形,内有1～2个油球。

病原菌在PDA培养基上生长良好,菌丝体发育适温为25 ℃,最高温度32 ℃。孢子萌发的最适温度为25 ℃。病菌发育的最适pH为5.3左右。

病原观察:用解剖针挑取病部表面的黑色粒点,置于载玻片上的小水滴中,盖上盖玻片,在显微镜下观察病原菌的形态特征(分生孢子盘和分生孢子等)。

四、实验报告

(1)对比观察茶白星病、茶饼病和茶炭疽病三种病害的发病部位及其病征。

(2)绘制茶炭疽病的分生孢子盘和分生孢子图。

五、思考题

(1)茶饼病的发病条件是什么?

(2)如何根据茶白星病的发病条件制定防治策略?

参考文献

[1]张瑾,孙晓玲,肖强.茶树嫩叶上的"白馒头"——茶饼病[J].中国茶叶,2021,43(4):32-34.

实验二
烟草病害

烟草是我国重要的经济作物之一,病害种类较多。世界上烟草病害有110多种,我国已报道近70种,包括真菌性病害30种,细菌性病害8种,病毒性病害16种,线虫病害6种,植原体病害2种。根据烟草植株不同为害部位划分,叶部病害主要有赤星病、蛙眼病、角斑病、野火病和炭疽病;根茎部病害以黑胫病和根结线虫病为主;全株性病害如各种病毒病。其中,为害较重的有烟草病毒病、黑胫病、赤星病和根结线虫病等。据估计,烟草病害常年造成的损失达10%左右。

一、实验目的

通过实验教学,熟悉烟草叶、根茎和全株等部位发生的主要病害种类,能识别和初步诊断重要病害,并正确描述其为害状特点和绘制病原微生物显微形态图。

二、实验准备

1. 材料

烟草黑胫病、烟草赤星病和烟草青枯病等重要烟草病害的新鲜或干标本,或病害症状幻灯片、照片,病原固定玻片。

2. 器具

手持放大镜、显微镜等观察工具;解剖针、单面刀片、镊子、手术剪等常用取样工具;载玻片、盖玻片、滴瓶、吸水纸和擦镜纸等以及制作临时玻片的其他用品。

三、内容与方法

1. 烟草黑胫病

烟草黑胫病又叫"黑根病""腰烂",是烟草生产上最具毁灭性的病害之一,遍布全世界,特别是温带、亚热带和热带地区发生较严重,有近40个国家和地区受到该病害为害。中国华南地区3月下旬至4月中旬,黄淮地区5月出现症状。降雨及田间土壤湿度是烟草黑胫病流行的关键性因素,在适温条件下,雨后相对湿度80%以上保持3~5 d,病害即可流行。

(1)症状识别。

主要侵染烟草的根和茎基部,在其上形成黑色凹陷的病斑,故称"黑胫病"(见插页图5-2-1)。苗床期一般发生较少,主要为害大田期的烟株(见插页图5-2-2)。症状因烟株生长阶段和气候条件的不同而有较大差异。

(2)病原观察。

病原:烟草疫霉 *Phytophthora parasitica* var. *nicotianae*,属卵菌门,卵菌纲,霜霉目,霜霉科,疫霉属。

病原观察:选取典型发病茎秆,观察病斑后沿着中轴剖开,观察内部症状,并挑取病部制作临时玻片,镜检观察病原菌孢子囊形态。

2. 烟草赤星病

世界各国均有发生。在山东俗称"红斑",河南、安徽、辽宁俗称"斑病",云南称"恨虎眼",贵州称"火炮斑"。一般温度达21~22 ℃、湿度达70%~80%开始发病;当温度达25~28 ℃、连续降雨或烟田一直有水滴时,5~8 d后大规模暴发病害。

(1)症状识别。

其主要为害烟株叶片,其次是茎秆、花梗、蒴果,是烟叶成熟期主要病害之一,在烟株打顶,叶片进入成熟阶段后开始发病,条件适宜病情会逐渐加重。从下部叶片开始发生,随叶片成熟,病斑自下而上逐步发展。最初在叶片上出现黄褐色圆形小斑点,以后变成褐色;随后病斑呈圆形或不规则圆形,褐色,产生明显的同心轮纹,边缘明显,外围有淡黄色晕圈,中心有深褐色或黑色霉状物,为病菌分生孢子和分生孢子梗(见插页图5-2-3)。病斑质脆易破,天气干旱时有可能在病斑中部产生破裂,严重时,病斑连接合并,致使病斑枯焦脱落,进而造成整个叶片破碎而无使用价值。茎秆、蒴果上会形成深褐色或黑色圆形或长圆形凹陷病斑。

(2)病原观察。

病原:互隔链格孢 *Alternaria alternata*,链格孢属真菌。

病原观察:选取典型发病叶片,并挑取病部深褐色或黑色霉状物,置于载玻片上的小水滴中,盖上盖玻片,在显微镜下观察病原菌分生孢子和分生孢子梗的形态特征。

3.烟草青枯病

烟草青枯病又称黏液病、烟瘟、半边疯,是热带、亚热带地区烟草的重要病害,分布于北纬45°至南纬45°之间,主要分布于美国、日本、印度尼西亚、中国、澳大利亚、韩国等国家。在中国长江流域及其以南烟区都有普遍发生,如广西、广东、福建、湖南、浙江、安徽、四川、贵州、湖北等省份。

(1)症状识别。

烟草青枯病是典型的维管束病害,根、茎、叶各部均可受害,最典型的症状是枯萎。发病初期,先是病侧有1~2张叶片软化萎垂,但仍为青色,故称"青枯病"。这种青色萎蔫现象遇阴雨天或到了傍晚后可以恢复,但通常仅能维持1~2 d。直至发病的中前期,烟株一直表现一侧叶片枯萎,另一侧叶片似乎生长正常,这种半边枯萎的症状可作为与其他根茎类病害的主要区别。此时如将病株连根拔起,可见病侧的许多支根变黑腐烂,而叶片生长正常的一侧,其根系大部分还生长正常。若将茎部横切,可见发病一侧的维管束呈黄褐色至黑褐色,做切片检查,可见维管束中充塞着大量细菌;若纵剖病茎,则见维管束的黑色病斑为长条状,但外表仍为暗黄色。

随着病情发展,病害从茎部维管束向外表的薄壁组织扩展,细菌大量增殖,暗黄色条斑逐渐变成黑色条斑,黑色条斑可一直伸展至烟株顶部,甚至到达叶柄或叶脉上。到发病后期,病株全部叶片萎蔫,根部全部变黑腐烂,茎秆木质部也变黑,髓部呈蜂窝状或全部腐烂,形成中空,但多限于烟株茎基部,这可与髓部全部中空的烟草空茎病相区别。最后条斑的表皮组织也大部分或全部变黑腐烂,直至整株枯死。这时若将病茎横切,用力挤压切口,可见黄白色的乳状黏液自导管处渗出,即细菌溢脓。染病植株后期虽整株枯萎,但始终不表现低头症状,这可与仅在山东局部烟区发生的低头黑病相区别。

(2)病原观察。

病原:青枯雷尔氏杆菌 *Ralstonia solanacearum*,好氧性细菌,革兰氏阴性菌;菌体短杆状,两端钝圆,极生鞭毛1～3根,无芽孢,无荚膜。

病原观察:取病原固定玻片或自制病原临时玻片进行镜检,观察病原的形态特征。

4.烟草花叶病

烟草花叶病是由病毒引起的。烟草感染病毒后,叶绿素受破坏,光合作用减弱,叶片生长被抑制,叶小、畸形,减产幅度可达20%～80%。病害发生后,还严重影响烟叶的品质,使品质变劣。

(1)症状识别。

自苗床期至大田成株期均可发生。幼苗被侵染后,新叶的叶脉组织变浅绿色,呈半透明的"明脉症",迎光透视可见病叶大小叶脉十分清晰,几天后叶片形成黄绿相间的"花叶症"。大田期,受害烟株首先在心叶上出现"明脉"现象,以后呈现花叶、"泡斑"、畸形、坏死等典型症状。轻型花叶只在叶片上形成黄绿相间的斑驳病斑,叶形不变。重型花叶症状为叶色黄绿相间呈镶嵌状,深绿色部分出现"泡斑",叶子边缘逐渐形成缺刻并向下卷曲,叶片皱缩扭曲,有些叶片甚至变细呈带状。早期感病植株矮化,生长停滞,叶片不开片,正常开花但果实种子发育不良。除典型花叶症状外,在旺长期病株中上部叶片还会出现红褐色大坏死斑,称为"花叶灼斑"。此外,有的染病株还可以在烟叶上形成系统花叶的同时,在中下部叶片上产生环斑或坏死斑。早期发病的植株严重矮化,生长缓慢,不能正常开花结实。能发育的蒴果小而皱缩,种子量少且小,多不能发芽。

(2)病原观察。

病原:我国已发现的烟草病毒病有16种,其中导致烟草花叶病的病毒主要以黄瓜花叶病毒(CMV)、烟草花叶病毒(TMV)为主。

病原观察:根据实验室条件安排观察,若无条件,可以网上学习。

四、实验报告

(1) 描述烟草黑胫病和烟草赤星病的主要症状。

(2) 绘制烟草赤星病的病原显微特征图。

五、思考题

(1) 试述烟草青枯病的发病条件及其病情发展的特点。

(2) 对比烟草黑胫病和烟草赤星病的发病特点。

实验三
中药材病害

病害防治是中药材生产中最为薄弱的环节,目前中药材病害种类多、为害重、造成损失大,且缺乏系统的调查、鉴定及防治技术研究。由于大多数中药材引种栽培历史较短,种质混杂,许多品种大面积栽培后对当地环境的适应性不强,且当地土壤中的病原微生物也会对这些中药材造成侵染为害,是中药材规模化生产的重要阻碍,因此,正确识别、诊断并防治中药材病害,对中药材产业的健康发展具有重要意义。

一、实验目的

学习描述和记载中药材病害症状的方法,识别各种中药材病害症状类型及特点;认识病原菌的营养体、有性及无性繁殖产生的各类型孢子;学习临时玻片的制作和绘图技术。

二、实验准备

1.材料

新鲜的半夏立枯病、根腐病、白点斑病、紫斑病、病毒性缩叶病和太子参根腐病、叶斑病、白绢病等病害标本若干。

2.器具

显微镜、载玻片、盖玻片、解剖针、镊子、擦镜纸、吸水纸等。

三、内容与方法

(一)半夏病害

1. 立枯病

立枯病主要为害一年生幼苗,发病初期只见个别幼苗发病,在适合的环境条件下病害扩展迅速,常引起大面积幼苗枯死。

(1)症状识别。

受害叶和茎呈水渍状,逐步变成灰白至灰褐色,病株茎基部产生椭圆形暗褐色病斑,早期病苗白天萎蔫,夜晚恢复,病斑逐渐凹陷,最后病部收缩干枯,病株死亡(见插页图5-3-1)。当持续遇到潮湿的天气时,病部常出现白色蛛丝网状霉,发病后期在病株基部和土壤中有时出现浅褐色至深褐色的菌核。

(2)病原观察。

病原:立枯丝核菌 *Rhizoctonia solani*。菌丝有隔,初期无色,老熟时浅褐至黄褐色,分枝处往往成直角,分枝基部略缢缩(见插页图5-3-1)。该属真菌一般在生长后期,由老熟菌丝交织在一起而形成菌核。菌核暗褐色,无一定形状和大小,质地疏松,表面粗糙。

病原观察:自制病原临时玻片,进行镜检,观察病原的形态特征。

2. 根腐病

根腐病是半夏最常见的病害,多发生在高温多湿季节和越夏种茎储藏期间。此病主要为害地下块茎,造成腐烂,随即地上部分枯黄、倒苗、死亡。

(1)症状识别。

发病初期根部产生水渍状褐色坏死斑,严重时整个根内部腐烂,病部呈褐色或红褐色。由于根部腐烂,病株易从土中拔起。发病植株随病害发展,地上部生长不良,叶片由外向里逐渐变黄,最后整株枯死。(见插页图5-3-2)

(2)病原观察。

病原:尖孢镰刀菌 *Fusarium oxysporum*,属子囊菌门,粪壳菌纲,肉座菌目,丛赤壳科,镰孢属。病菌产生2种类型的分生孢子。大型分生孢子镰刀型,多细胞,有3个隔膜,具明显足细胞,可产生厚垣孢子;小型分生孢子单胞,无色,椭圆形至纺锤形,偶有1分隔。(见插页图5-3-2)

病原观察:自制病原临时玻片,进行镜检,观察病原的形态特征。

3. 白点斑病和紫斑病

白点斑病和紫斑病皆为生理性病害。经过多次病原学镜检未发现病原菌;田间病健株交叉接触,检测无相互感染。两种病害在桃叶型半夏叶片上发生较多,在柳叶型上较少。病株倒苗后再生新叶,新叶不产生倒苗前症状。

(1)症状识别。

白点斑病:在染病叶片上,一般产生多个近圆形至不规则形白点病斑,大小为1~2 mm(见插页图5-3-3)。多个病斑融合,可致叶片成段干枯或全叶枯死。

紫斑病:在叶片上出现紫斑(见插页图5-3-4),通常紫斑仅限叶面,少数叶背也有紫斑,有的叶面全为紫色(称紫叶),但叶背为绿色。

(2)病原观察。

生理性病害,无病原。

4. 病毒性缩叶病

病毒性缩叶病是栽培半夏普遍发生的较为严重的一种病害,发病率随栽培年限的增加呈上升趋势,种茎带毒及蚜虫等昆虫传毒可能为其主要传播途径。多在夏季发生,为全株性病害。当蚜虫大发生时,易发生该病。该病在半夏贮藏、运输过程中仍会扩散侵染,造成鲜种茎大量腐烂,不利于加工。

(1)症状识别。

发病叶片上产生黄色不规则的斑,使叶片产生花叶症状,叶片变形、皱缩、卷曲,直至枯死(见插页图5-3-5)。植株生长不良,地下块茎畸形瘦小,质地变劣。

(2)病原观察。

病原为植物病毒,可利用网络资源学习、观察。

(二)太子参病害

1. 根腐病

根腐病是太子参最常见的病害,多发生在高温多湿季节。此病主要为害地下块根,使根须变褐造成腐烂,并逐渐向主根蔓延,最后导致全根腐烂,随即地上部分自下而上枯萎,最终全株枯死。

(1)症状识别。

发病初期病株白天稍见萎蔫,傍晚至次日凌晨恢复,病症反复数日后叶片全部萎蔫,但叶片仍呈绿色。由于根部腐烂,病株易从土中拔起,发病植株随病害发展,地上部生长不良,叶片由外向里逐渐变黄,最后整株枯死。(见插页图5-3-6)

(2)病原观察。

与半夏根腐病病原相同。(见插页图5-3-6)

2.叶斑病

(1)症状识别。

叶片染病后产生圆形或近圆形至不规则形的褐色病斑,病斑中心易破碎、脱落、穿孔,严重的叶片脱落。湿度大时呈水渍状,病斑干燥后易破裂,条件适宜时病斑迅速扩展,数个病斑相互融合,致叶片干枯,后病斑中间凹陷变黑,上生黑霉,即病原菌分生孢子梗和分生孢子。(见插页图5-3-7)

(2)病原观察。

病原:链格孢属 *Alternaria* 真菌。分生孢子梗单生或簇生,直立或膝状弯曲,褐色具隔膜。分生孢子单生,倒棒形,直或弯曲,褐色,具隔膜,横隔3~7个,纵、斜隔1~3个,分隔处略缢缩。喙短柱状,淡褐色,0~1个横隔。(见插页图5-3-7)

病原观察:自制病原临时玻片,进行镜检,观察病原的形态特征。

3.白绢病

白绢病在太子参生长后期发生,植株发病后,茎基部及根部皮层腐烂,水分和养分的输送被阻断,叶片变黄凋萎,全株枯死。在高温高湿环境条件下容易引起该病害的大流行。

(1)症状识别。

被害根靠近茎端呈水渍状腐烂,地上部茎叶有黄褐色病斑,边缘褐色或淡褐色。初发生时,病部的皮层变褐,逐渐向四周发展,在病斑上产生白色绢丝状的菌丝,菌丝体多呈辐射状扩展,蔓延至附近的土表上(见插页图5-3-8)。后期在病苗的基部表面或土表的菌丝层上形成油菜籽状的菌核,初为乳白色,渐为米黄色,最后变成茶褐色。

(2)病原观察。

病原:罗尔无乳头菌 *Athelia rolfsii*(旧称:齐整小核菌 *Sclerotium rolfsii*),属担子菌

门,蘑菇纲,无乳头菌目,无乳头菌科,无乳头菌属。菌核圆形或椭圆形,初为白色,后为褐色,内部浅色,组织紧密,表面粗糙或光滑,菌丝白色,疏松或者集结成线状(见插页图5-3-8),菌落成熟后期形成黄色至褐色菌核。

病原观察:自制病原临时玻片,进行镜检,观察病原的形态特征。

4.病毒性缩叶病

病毒性缩叶病是栽培太子参普遍发生的较为严重的一种病害,发病率随栽培年限的增加呈上升趋势,种茎带毒及蚜虫等昆虫传毒可能为其主要传播途径。多在4—5月发生,为全株性病害。当蚜虫大发生时,易发生该病。受害太子参块根加工成商品后,往往质量差、品级低。

(1)症状识别。

感病太子参较健康植株矮化,叶片变形、皱缩、卷曲、呈花叶状,直至枯死。(见插页图5-3-9)

(2)病原观察。

病原为植物病毒,可利用网络资源学习、观察。

(三)其他中药材病害

1.铁皮石斛软腐病

软腐病是铁皮石斛生产中的常见病害,全年均可发病,夏季高温多雨季节尤为严重。软腐病主要为害铁皮石斛的嫩芽和新枝,最终导致植株腐烂死亡。

(1)症状识别。

从嫩叶基部开始受害,初期为绿色小斑点,然后逐渐向四周扩散,形成水渍状斑块,再向全叶和茎部扩展,植株变褐色或黑色,腐烂逐渐加重,蔓延至整株。(见插页图5-3-10)

(2)病原观察。

病原:尖孢镰刀菌 *Fusarium oxysporum*。在PDA培养基上,气生菌丝呈白色棉絮状(见插页图5-3-11);在显微镜下观察,可见尖孢镰刀菌成熟的分生孢子。分生孢子器呈月牙形,可以观察到有横隔膜1~2个,部分未成熟的孢子具有纵隔膜1~3个,表面光滑,较细的顶端延伸出长短不等的喙(见插页图5-3-12)。

病原观察:自制病原临时玻片,进行镜检,观察病原的形态特征。

2. 紫苏锈病

（1）症状识别。

受害植株的叶片上新老夏孢子堆群集形成疱斑群，布满整张叶片，使叶片枯黄（见插页图5-3-13）。

（2）病原观察。

病原：紫苏鞘锈菌 *Coleosporium perillae*，属担子菌门真菌。夏孢子堆黄橙色，生在叶背上，散生至集生，圆形或椭圆形，不呈粉状；夏孢子浅黄色，球形至近球形，表面密生小疣，壁无色，厚约1.5 μm（见插页图5-3-13）。未见冬孢子阶段。

病原观察：自制病原临时玻片，进行镜检，观察病原的形态特征。

四、实验报告

（1）简述半夏立枯病和根腐病的主要症状特点，对比分析半夏白点斑病和紫斑病的症状区别。

（2）绘制太子参根腐病和叶斑病的病原菌孢子形态图。

（3）简述铁皮石斛软腐病的主要症状特点。

（4）绘制铁皮石斛软腐病的病原菌孢子形态图。

五、思考题

（1）在制作病害标本时，为什么选取的病害材料要尽可能新鲜？为什么取样要选择病健交界处的材料？

（2）铁皮石斛软腐病有哪些防治技术？

参考文献

[1]许志刚.普通植物病理学[M].4版.北京：高等教育出版社，2009.

第六章

花卉病害

实验一
草本花卉病害

花卉给人们带来舒适的空间和优美的环境，在生长发育过程中花卉可能会发生多种病害，导致花卉的长势减弱甚至死亡。正确识别、诊断并防治花卉病害，对提高花卉管理水平，降低成本，提高观赏效果，改善人类生态环境将发挥重要作用。

一、实验目的

通过对症状的观察，识别常见花卉菊花、君子兰等的主要病害的症状特点；通过观察，认识病原菌的营养体、有性及无性繁殖产生的各类型孢子；学习临时玻片的制作和绘图技术。

二、实验准备

1. 材料

新鲜的菊花叶枯线虫病和褐斑病、君子兰炭疽病等病害标本若干。

2. 器具

显微镜、载玻片、盖玻片、解剖针、镊子、擦镜纸、吸水纸等。

三、内容与方法

1. 菊花叶枯线虫病、褐斑病

菊花叶枯线虫病的症状与菊花褐斑病相似，其主要区别在于：菊花褐斑病的病斑多从叶缘发生，叶枯线虫病主要从叶中部发生；菊花褐斑病在发病后期病斑上有黑色小粒点，而叶枯线虫病没有。

（1）症状识别。

菊花叶枯线虫病：为害菊花的叶片、叶芽、花芽、花蕾等部分。叶片发病初期在叶背下缘出现淡黄色的斑点,逐渐变成褐色或黑褐色。由于病斑扩展受到叶脉的限制,呈现特有的三角形枯斑,后叶片卷缩、凋萎,并沿茎秆下垂,最后大量脱落。

菊花褐斑病:最初在叶上出现圆形或椭圆形或不规则形大小不一的紫褐色病斑,后期变成黑褐色或黑色。感病部位与健康部位界限明显,后期病斑中心变浅,呈灰白色,出现细小黑点,病叶过早枯萎,但并不马上脱落,而是挂在植株上。

(2)病原观察。

菊花叶枯线虫病病原:菊花滑刃线虫 Aphelenchoides ritzemabosi,滑刃目,滑刃科,滑刃属。

菊花叶枯线虫病病原观察:取感染叶片,从叶片中挑取线虫虫体,于显微镜下观察线虫虫体形态、口针以及雌雄虫的特征。

菊花褐斑病病原:菊壳针孢菌 Septoria chrysanthemella,属子囊菌门,座囊菌纲,球腔菌目,球腔菌科,壳针孢属真菌。病菌分生孢子器球形,褐色;分生孢子针形,无色,微弯至弯曲,基部钝圆形,顶端较尖。

菊花褐斑病病原观察:自制病原临时玻片,进行镜检,观察病原的形态特征。

2.君子兰炭疽病

君子兰炭疽病主要为害叶片。在温暖潮湿环境中,特别是在多雨季节,该病害发生严重。

(1)症状识别。

病斑较规则,多为圆形或近圆形,后期常有明显的轮纹斑。

(2)病原观察。

病原:盘长孢状刺盘孢 Colletotrichum gloeosporioides,属子囊菌门,粪壳菌纲,小丛壳目,小丛壳科,刺盘孢属真菌。病菌分生孢子长圆形、圆筒形或卵形,单胞,无色,有小而呈黑色的基座;分生孢子梗平行排列,无色。

病原观察:自制病原临时玻片,进行镜检,观察病原的形态特征。

3.凤仙花白粉病

凤仙花白粉病主要为害叶片及嫩梢,严重时也为害花蕾和蒴果。分布于江苏、浙江、安徽、福建、广东、四川、云南、内蒙古、河南、河北、吉林、山东、新疆、上海等地。

(1)症状识别。

叶背病斑开始为不明显褪绿的淡黄斑,随后其上覆盖一层稀薄的白色粉霉,叶片日渐变黄,甚至萎蔫、扭曲,叶背病部霉层由白色变成灰白色,同时在染病部位的正面,出现范围大小相等的淡黄褐色斑。后期,叶背病斑霉层中密生黄色至黑色小颗粒,即病菌的有性子实体(闭囊壳)。(见插页图6-1-1)

(2)病原观察。

病原:凤仙花单囊壳 *Sphaerotheca balsaminae*,凤仙花科内丝白粉菌 *Leveillula balsaminacearum*。其中凤仙花单囊壳属子囊菌门,白粉菌目,单丝壳属真菌。其菌丝生于叶片两面,不易脱落。闭囊壳散生至群生,球形或扁球形,直径70~119 μm,构成壳壁的细胞特别大,附属丝少或多,弯曲,有隔膜,大多不分枝,褐色至近无色。子囊短椭圆形或拟球形。子囊孢子8个,椭圆形,无色。该病菌寄主范围很广,包括瓜类,豆类,向日葵、木芙蓉、玫瑰、蔷薇等花卉,以及多种草本观赏植物。该病菌有生理分化现象。

病原观察:自制病原临时玻片,进行镜检,观察病原的形态特征。

四、实验报告

(1)简述菊花叶枯线虫病的症状,对比分析菊花叶枯线虫病与褐斑病的区别。

(2)绘制君子兰炭疽病病原菌形态图。

五、思考题

试述菊花叶枯线虫病的侵染方式及传播途径。

实验二
藤灌类花卉病害

藤灌类花卉分为落叶藤灌类和常绿藤灌类两类。

一、实验目的

能识别及初步诊断藤本月季、玫瑰和茉莉等常见藤灌类花卉的主要病害;通过病征及显微观察,认识重要病原真菌的营养体和繁殖体特征;掌握制作临时玻片以及绘制病原菌主要显微特征图的方法。

二、实验准备

1. 材料

新鲜的月季白粉病、黑斑病和玫瑰锈病等病害标本若干;盒装及固定玻片标本若干。

2. 器具

生物显微镜、载玻片、盖玻片、解剖针、镊子、擦镜纸、吸水纸等。

三、内容与方法

1. 月季白粉病

月季白粉病是世界性病害,我国各地均有发生。该病对月季为害较大,病重时引起月季早落叶、花蕾畸形或完全不能开放,温室发病比露天更为严重。主要发病季节在春、秋两季,湿度大易发病。

(1)症状识别。

该病主要为害月季的叶、嫩梢和花,明显的特征是感病部位出现白色粉状物。生长季节感病的叶片出现白色的小粉斑,逐渐扩大为圆形或不规则状的白粉斑,严重时白粉斑相互连接成片。老叶比较抗病。叶柄及皮、刺上的白粉层很厚,难剥离。花蕾染病时,表面被满白粉,花朵畸形(见插页图6-2-1)。

(2)病原观察。

病原:蔷薇叉丝单囊壳 *Podosphaera pannosa*,子囊菌门真菌。分生孢子串生,椭圆形或圆筒形;附属丝长菌丝状,闭囊壳内子囊仅1个,内含8个子囊孢子。

病原观察:取病原固定玻片或自制病原临时玻片进行镜检,观察病原的形态特征。

2.月季黑斑病

月季黑斑病是世界性病害,为害十分严重,病菌为害叶片,引起大量落叶,致使植株生长不良。在温暖潮湿的环境中,特别是多雨的季节,该病害发生严重。

(1)症状识别。

叶片受侵染后,在叶面出现圆形或不规则形紫黑色病斑,病斑边缘呈红褐色或紫褐色,放射状。后期病斑逐渐连在一起,形成大斑,周围叶肉大面积变黄(见插页图6-2-2)。病叶易于脱落,严重时整个植株下部叶片全部脱落,变为光秆状。

(2)病原观察。

病原:蔷薇双壳菌 *Diplocarpon rosae*。属子囊菌门,锤舌菌纲,柔膜菌目,镰盘菌科,双壳属。病菌分生孢子盘生于角质层下,盘下有分枝状的菌丝;分生孢子近圆形、长椭圆形或葫芦形,无色、双细胞,分隔处略有缢束,上部细胞小,有喙状突起,偏向一侧;分生孢子梗短小,无色。

病原观察:取病原固定玻片或自制病原临时玻片进行镜检,观察病原的形态特征。

3.蔷薇科植物的锈病

蔷薇锈病主要为害玫瑰、蔷薇、月季等蔷薇属花卉的芽和叶片,也侵染叶柄、花托、花柄、嫩枝等部位,严重时造成提早黄叶、落叶,影响观赏、生长和开花。在北京、山东、河南、陕西、安徽、江苏、广东、云南和上海等地均有发生。四季温暖、多雨、多露、多雾的天气,均有利于发病。偏施氮肥能加重病害的发生。在夏季高温、冬季寒冷的地方,发病较轻。

海棠锈病是各种海棠的常见病害,为害贴梗海棠、垂丝海棠和西府海棠,以及梨、苹果和木瓜等植物。多侵染叶片,其次是叶柄、嫩枝和果实。在我国各个省份均有发生。严重时,叶片上病斑密布,致叶片枯黄早落。该病同时还会为害桧柏、侧柏、龙柏、铺地柏等观赏树木,引起针叶及小枝枯死,影响园林景观效果。

(1)症状识别。

植株被蔷薇锈病侵染后,叶片正面常出现小黄点,背面出现小黄斑,外围有褪色环。玫瑰病芽上布满鲜黄色粉堆;发病初期叶片上出现淡黄色粉状物,叶背有黄色稍隆起的小斑点,初生于表皮下,成熟后突破表皮散出橘红色粉末(病菌的锈孢子器),秋末叶背部出现黑褐色粉末(冬孢子堆)。嫩梢、叶柄、果实受害后病斑隆起。

海棠锈病侵染初期,叶面出现黄绿色小斑点,后扩大为橙黄色病斑,其上有针尖大小的黑色小粒点;后期叶背长出黄色须状物,随后病斑趋于黑褐色,严重时叶片枯黄脱落,甚至整株死亡。

观察两类锈病对植物的为害状,对比病状及病征的识别特征,分析花卉等植物锈病的侵染循环和传播途径。

(2)病原观察。

蔷薇锈病病原:玫瑰多孢锈菌 *Phragmidium rosae-rugosae*,属多孢锈菌属真菌。

海棠锈病病原:山田胶锈菌 *Gymnosporangium yamadae* 和梨胶锈菌 *G. haraeanum*,属胶锈菌属真菌。

病原观察:选取典型发病叶片或新芽,观察其病状及病征特点,并挑取病部表面的粉状物或点状物,置于载玻片上的小水滴中,盖上盖玻片,在显微镜下观察病原菌的形态特征。

4.杜鹃、海桐的煤污病

症状同本章实验三乔木类花卉的煤污病(见插页图6-2-3、图6-2-4)。

四、实验报告

(1)简述花卉白粉病的症状特点。
(2)绘制所观察花卉白粉病的病原菌形态图。

五、思考题

(1)试述白粉病的发病条件及一般防治方法。
(2)白粉病、锈病和灰霉病的症状有什么区别?举例说明。

实验三
乔木类花卉病害

常见乔木类花卉有紫薇、桂花、樱花、丁香、含笑和广玉兰等。

一、实验目的

能识别及初步诊断紫薇、桂花和樱花等常见乔木类花卉的主要病害；通过病征及显微观察，认识重要病原真菌的营养体和繁殖体特征；掌握制作临时玻片以及绘制病原菌主要显微特征图的方法。

二、实验准备

1.材料

新鲜的染病植株材料，如煤污病等病害标本若干；盒装及固定玻片标本若干。

2.器具

生物显微镜、载玻片、盖玻片、解剖针、镊子、擦镜纸、吸水纸等。

三、内容与方法

1.紫薇煤污病

煤污病病菌主要借助风雨及昆虫传播。在高湿、高温、通风不良及蚜虫发生多的环境条件下，易加重发病。病菌的菌丝体覆盖叶表，阻塞叶片气孔，妨碍正常的光合作用，每年春、秋有两次发病高峰。

（1）症状识别。

病害先在叶片正面沿主脉产生，逐渐覆盖整个叶面，严重时叶面布满黑色煤尘状物。症状表现为在叶片、嫩枝上覆盖一层黑色"煤烟层"，这是病菌的菌丝体与孢子。

(2)病原观察。

病原:多种附生菌和寄生菌。常见的是煤炱菌,属子囊菌门,座囊菌纲,煤炱目,煤炱科,煤炱属(*Capnodium*)。该菌主要依靠蚜虫、蚧壳虫等昆虫的分泌物生活,病菌以菌丝体、分生孢子、子囊孢子等形式在病叶、病枝条上越冬,成为次年侵染源。

病原观察:取病原固定玻片或自制病原临时玻片进行镜检,观察病原的形态特征。

2. 山茶煤污病

病原寄主广泛,除为害山茶外,还可为害含笑、米兰、扶桑、白兰花、茉莉、五色梅、紫背桂、苏铁、金橘、柑橘、橡皮树、栀子、桂花、蔷薇、荷花、枸骨、牡丹、夹竹桃、紫薇、广玉兰和海桐等植物。

(1)症状识别。

主要为害叶片,其次是嫩枝和花器。受害植株生长不良,叶芽、花芽分化受阻,花量变少,花形变小,甚至大量落叶。以叶片上症状最为明显,叶片初期产生煤烟状圆形分散小斑,后逐渐扩大,病斑间可相互融合成片。枝梢、枝条上亦产生煤烟状霉层。严重时,病部表面形成紧密的煤烟层,所侵染部位外表污黑色,仅剩顶端新叶保持绿色。

(2)病原观察。

病原:有2种,山茶小煤炱 *Meliola camelliae* 和富特煤炱 *Capnodium footii*。

病原观察:选取典型发病叶片或枝条,观察其受害状,并轻轻挑取病部表面的黑色霉层,置于载玻片上的小水滴中,盖上盖玻片,在显微镜下观察病原菌的形态特征。

3. 黄栌白粉病

主要为害黄栌的叶片。发生严重时,黄栌叶片光合作用受阻,大量提前脱落,致树势衰弱,甚至整株死亡,严重影响黄栌的观赏、药用和工业等重要经济价值。

(1)症状识别。

发病初期,叶片上形成白色粉末状的针状物或点状物,主要分布在叶脉周围;随后病斑不断扩大,严重时会连成片,使整个叶片表面被白色粉末所覆盖(见插页图6-3-1);发病后期白粉层渐渐退去,出现许多黑褐色小粒点。观察黄栌白粉病所侵染叶片的病状及病征。

(2)病原观察。

病原:漆树白粉菌 *Erysiphe verniciferae*,属子囊菌门,锤舌菌纲,柔膜菌目,白粉菌科,白粉菌属。闭囊壳分布在病叶的两面,呈黑褐色球状,细胞壁呈现不规则的多角形;附属丝10~33根,顶端卷曲如钩状;子囊孢子淡黄色,椭圆形或圆形;分生孢子长椭圆形、柱卵形。(见插页图6-3-2)

病原观察:选取典型发病叶片,观察其病状及病征特点,并挑取病部表面的白色粉状物,置于载玻片上的小水滴中,盖上盖玻片,在显微镜下观察病原菌的形态特征。

4. 紫荆角斑病、叶枯病

紫荆角斑病和紫荆叶枯病均发生在紫荆的叶片上。

(1)症状识别。

紫荆角斑病侵染后,叶片上病斑呈多角形,黄褐色至深红褐色,后期病部着生黑褐色小霉点(见插页图6-3-3)。严重时,叶片上布满病斑,常连接成片,导致叶片枯死脱落。一般在7—9月发生,多从下部叶片开始感病,逐渐向上蔓延扩展。植株生长不良,多雨季节发病重,病原在病叶及残体上越冬。

紫荆叶枯病侵染初期,叶片病斑呈圆形、红褐色,多在叶边缘,连片并扩展成不规则形大斑,后大半或整个叶片呈红褐色、枯死;后期病部产生黑色小点。植株过密时,易发此病。一般6月开始发病。低温高湿、密集种植环境条件有利于该病害的发生发展。

对比观察两种紫荆叶部病害的关键识别特征,思考如何有效挑取病原。

(2)病原观察。

紫荆角斑病病原:真菌,已报道的病原菌有尾孢菌和粗尾孢菌两种。其中,尾孢菌为 *Passalora chionea*,属半知菌门,座囊菌纲,煤炱目,球腔菌科,尾孢菌属。

紫荆叶枯病病原:也是真菌,主要有两种——拟盘多毛孢属 *Pestalotiopsis* spp. 和紫荆生茎点霉 *Phoma cercidicola*。病菌以菌丝或分生孢子器形式在病叶上越冬。

病原观察:选取典型发病叶片或新芽,观察其病状及病征特点,并挑取病部表面的粉状物或点状物,置于载玻片上的小水滴中,盖上盖玻片,在显微镜下观察病原菌的形态特征。

四、实验报告

(1)简述紫薇或山茶等植物上煤污病的症状特点。

(2)绘制紫薇或山茶等植物上煤污病的病原菌形态图。

五、思考题

从植物病害系统基本要素的角度,试述乔木或灌木花卉煤污病发生的重要生物因素及发病规律。

参考文献

[1]张荣.紫荆叶枯病病原菌鉴定及致病性测定[D].杨凌:西北农林科技大学,2007.

下篇 园艺植物病害实习实训

第七章

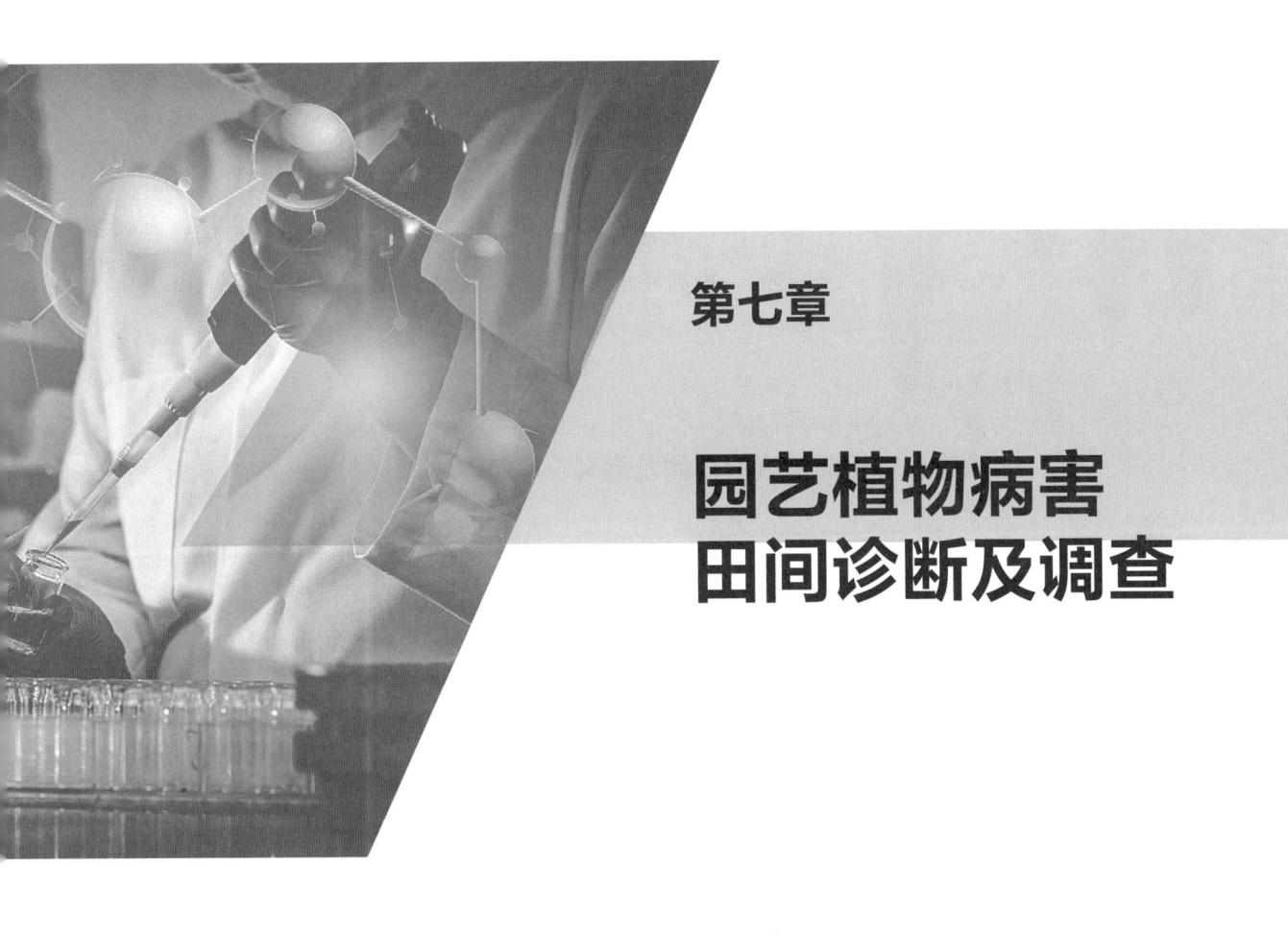

园艺植物病害田间诊断及调查

园艺植物病害和虫害的发生有密切相关性，其发生规律、田间动态受到诸多因素综合作用的影响。植物病害一方面来自生物病原(影响因素：类型、种类和数量等)，一方面来自非生物病原(温度、湿度、光照、风、雨、农事等)。植物自身遗传特性也对病害的发生发展有一定的影响。根据科学的诊断和调查方法对病害的发生期、发生量、为害程度和扩散分布趋势进行准确的预测预报，有助于适时采取恰当的防治措施来有效控制植物病害的发生发展。

一、植物病害田间调查的目的及意义

通过调查研究，可以了解植物病害的种类、发生和为害情况，以便进一步了解病害的分布、发生始期、流行规律，确定防治重点，进行预测预报，防治时做到心中有数，也便于防治后正确评价防效和存在的问题，加强改进工作。同时，通过调查探究，还能掌握植物病害的发生发展和周围环境条件的关系，为进一步开展实验研究提供有关依据，通过实验进行验证和补充。

二、植物病害田间调查的主要内容

植物病害调查的目的不同，所调查的项目和内容也就不同。

(1)种类和数量调查：调查某一种植区域植物病害的种类和数量，了解和掌握病害的主要类型及病害与虫害发生的相互关系。

(2)分布调查：调查某种或某些病害的地理分布，以及在各个地区或地块内病害的数量多少，以明确病害的发生情况，并因地制宜制定防治对策。

(3)生物学和发生规律调查：调查某一类或一种病害的寄主范围、出现时期、发生规律和越冬场所等生物学特性，以及在不同时期、不同环境条件下的数量变动，从而掌握其侵染循环、传播途径和扩散蔓延等发生规律。

(4)为害损失调查：通过园艺植物的受害程度、损失情况调查，确定是否需要防治及防治的时期和范围。

三、植物病害常用的田间调查方法

1. 调查取样的基本原则与类型

在实际病害调查工作中,通常是按照一定的方法从总体中取出一部分个体即样本,用样本估计总体。样本的抽取要遵循两个基本原则:一是客观性,不含任何主观意识选择个体;二是代表性,所抽取的样本可较好地代表总体。

常用的田间调查抽样办法:

(1)随机抽样:随机抽样是植物种群病害调查最常用的一种方法,即在一定的空间内,种群各个体有均等的机会被抽取为样本以代表总体。如在 N 个个体中,机会均等地抽取第一个样本,再于 $N-1$ 个个体中机会均等地抽取第二个样本,……

(2)顺序抽样:按照总体的大小,选好一定间隔,等距离地抽取一定数量的样本单位。病害调查中常用的五点取样、对角线取样、棋盘式取样、"Z"形取样、平行线式取样均属于此类型。

顺序抽样的优点是方法简便,省时省工,样本在总体中分布均匀;而缺点是按统计学原理,此方法不能单独计算取样误差。与随机抽样等其他方法配合使用可克服该缺点。

(3)分层抽样:常用于调查种群病害动态,将总体中近似的个体分别归于若干层(组),在每层分别抽取若干随机样本,以代表总体。如不同区域植物病害发生的程度或密度差异较大,可以将田间植株或林木分为几层(组),每层看作一个小总体,分别对其进行随机抽样,获得分层样本的数据,再合并成总体样本数据。此法较适合于聚集分布的类型。

(4)多级抽样:按地理空间分成若干级,再按级进行随机抽样。如调查全省发生的植物病害(如茶白星病),可先将全省产茶县编号,作为第1级取样单元;每个县随机抽出若干乡,作为第2级样本;再在其中随机抽取若干村,作为第3级样本;直到抽出所要的样本为止。

与分层抽样的区别:分层抽样是将每层作为一个小总体,分别抽取随机样本;多级抽样是按级依次往下抽样,最后才抽出所需的多级样本。

2. 调查时期和频次

对于植物病害的一般发生情况,可在作物的不同生育时期,或找一个固定时期进行调查。对某一种病害发生为害情况的调查,则可在病害盛发期进行。若要调查某一病害的发生发展规律,或进行预测预报,则要定点定期进行系统调查,一般每隔 7 d 调查一次,并注意环境条件的变化。调查次数根据病害流行时间长短而定。

3. 植物病害的空间分布类型及调查取样方法

(1)植物病害的空间分布型。

植物病害的空间分布型是植物病害的特征之一。通常,植物病害的空间分布型分为随机分布、聚集分布和嵌纹分布三类。

①随机分布:总体中每个个体在取样单位中出现的概率均等,而与同种的其他个体无关。这类病害病原的活动能力强,田间分布比较均匀(图7-0-1)。调查取样时样点数量可少些,每个样点可稍大些,适用五点取样、对角线取样或棋盘式取样方法。

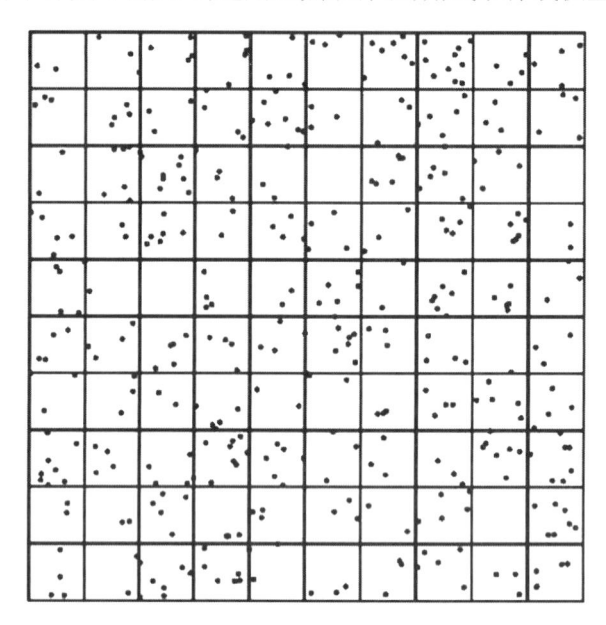

图7-0-1　随机分布型

②聚集分布:总体中 1 个或多个个体的存在影响其他个体出现于同一取样单位中的概率。这类病害病原的活动力弱,在田间分布不均匀,具有许多核心或小集团(图7-0-2)。取样时样点数量可多些。常用平行线式取样或棋盘式取样方法。

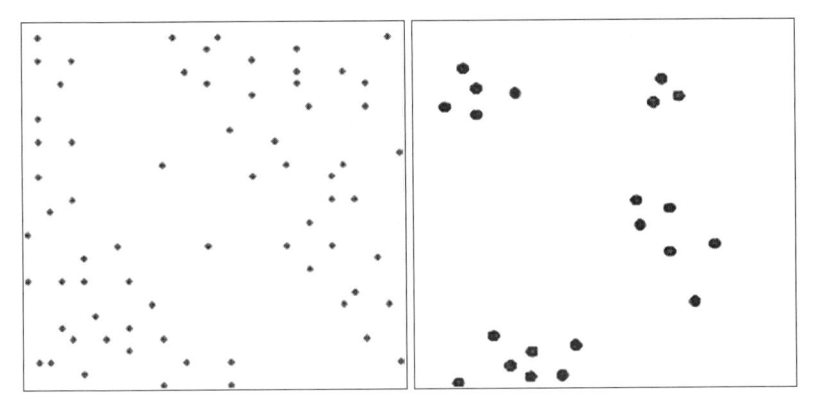

图7-0-2　聚集分布型

③嵌纹分布：个体在田间呈不均匀的疏密相间的分布，这类病害病原多由别处迁来。嵌纹分布也可由聚集分布型向周围扩散形成，分布不均匀，镶嵌多少不一。调查时样点数量可多些，每个样点可适当小些，宜用"Z"形取样或棋盘式取样方法。

(2)取样方法。

①五点取样：以茶园病害为例，可按一定面积、一定长度或一定植株数量选取5个样点，如以1 m²作为1个样点。(图7-0-3)

图7-0-3　五点取样法

②对角线取样：分单对角线和双对角线两种。在实验小区内沿小区的一条或两条对角线，间隔一定距离随机确定取样点。一般一条对角线取3个点(多用于面积较小的方形地块)，两条对角线取5个点(多用于面积较大的方形地块)。具体取多少根据对角线的长度而定。(图7-0-4)

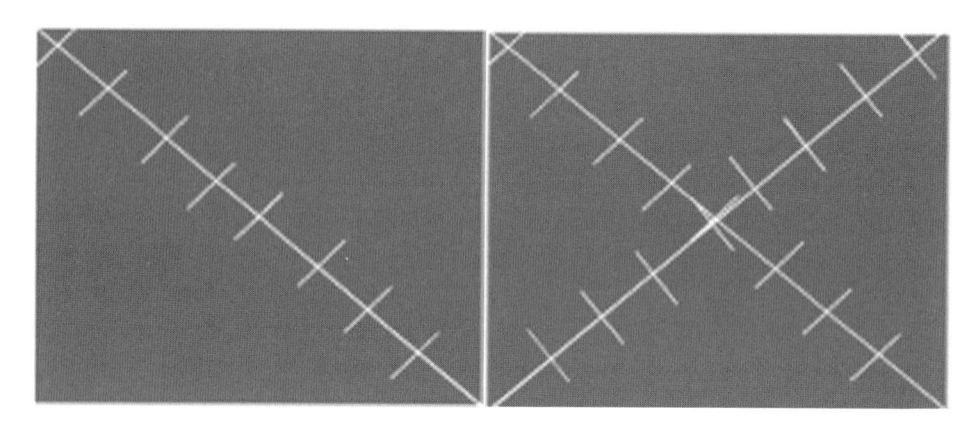

图7-0-4　对角线取样法

③棋盘式取样：在茶园中划出等距离、等面积的若干方格，每隔一个方格在中央取一个样点，相邻行的样点交错分布，是适宜于调查随机或非随机分布的病害的取样方法（图7-0-5）。

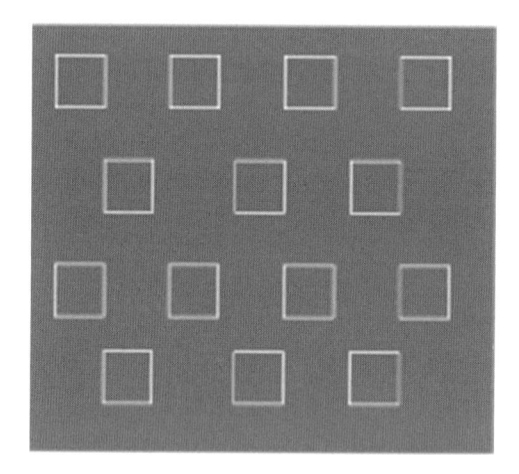

图7-0-5　棋盘式取样法

④平行线式（抽行式）取样：适宜于作物成行种植时和聚集分布的取样（图7-0-6）。

图7-0-6　平行线式取样法

⑤"Z"形取样:适宜于嵌纹分布的病害取样(图7-0-7)。

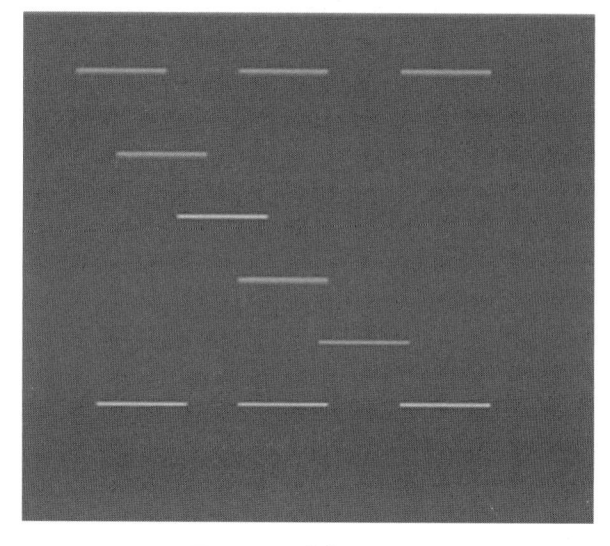

图7-0-7 "Z"形取样法

(3)取样单位。

常依据植物病害发生实际情况,采用相应的取样方法,以样方法调查病害发生特点及发生程度。样方法所用的取样单位须依据植物病害实际情况而定。常用指标:

①长度:1 m或10 cm枝条上病斑数量。

②面积:单位面积(如1 m^2)上病斑数量。

③体积:单位体积(如1 m^3)内病斑数量。

④时间:单位时间(如间隔5~7 d)观测到的病斑数量。

实训一
蔬菜病害的田间诊断及调查

通过蔬菜病害的普查与专项调查,确定蔬菜苗圃等实践实训基地中植物病害的发生发展情况;并结合上篇的实验中介绍的植物病害的症状识别、标本鉴定等多种方法来诊断蔬菜病害种类。

1.普查

对整个实践实训基地蔬菜病害情况进行整体调查,确定病害种类、数量、分布、发生时间、为害程度、防治情况、蔓延趋势等。沿自然路线进行,尽可能均匀地观察整个调查区域的各部分,填写普查内容表格(表7-1-1)。

表7-1-1 普查内容表

调查日期	
调查地点	
样地概况	
调查面积	
受害面积	
卫生状况	

蔬菜品类	病害面积	病害部位	病害程度	分布状况	病害种类初步鉴定	备注

2.专项调查

在普查基础上,针对特定的蔬菜品种或特定的病害类型进行专项重点调查。

(1)调查取样频率/次数。

调查的时间和次数,应根据调查目的和具体病害的发生特点确定。一般来说,了解病害基本情况多在盛发期进行,对于重点病害的专题研究和测报,应根据需要分期进行,必要时,还应进行定点观察,以便掌握全面的系统资料。

(2)调查取样方法。

常用的取样方法有五点、对角线、棋盘式、平行线式、"Z"形取样法等,根据病害种类、田块特征等决定。对均匀分布的病害,通常采用棋盘式和对角线取样法。棋盘式取样法一般在1块地中选10个样点,此法准确性较高,但调查时花费时间较多;对角线和五点取样法,以后者最为常用。对一些分布不均匀的种类,则可根据其分布特点采用平行线式或"Z"形取样法。无论采用何种取样方式,一定要保证取样的随机性。

(3)取样数量。

取样数量因病害分布和受害程度不同而不同,一般每个调查区域取样数量可参照:全株性病害100~200株,叶部病害10~20片叶,果部病害100~200个果。

(4)调查过程。

以五点取样法为例,蔬菜全株性病害调查:每个样点不少于20株,共调查100株,统计发病率,计算病情指数;叶部病害调查:在样方中选取5%~10%的样株,每株调查10~20片叶,被调查的叶片应从不同的部位来选取;种实病害调查:每种植物选取5%~10%的样株,每一植株顶端的不同部位、方向取10~20个种实,进行调查、记载。记录发病情况,计算发病率(病株占所调查植株的数量比例)、病情指数(单位面积上一种病害发生的普遍程度和严重程度的综合指标,"各级病害级数×对应病株数量"总和与"病害最高级数×总样本数"的比值),评价发病等级并填表记录(见表7-1-2、表7-1-3)。

表7-1-2　植物病害分级标准

级别	代表值	分级标准
1	0	健康
2	1	轻度发病
3	2	中度发病
4	3	重度发病
5	4	枯死

表7-1-3　常用病情分级标准

代表值	病情	抗性等级
0	无可见病斑	I 免疫
1	病斑占样本面积1%~3%(1~2个病斑)	HR 高抗
2	病斑占样本面积4%~10%(<10个病斑)	HR 高抗
3	病斑占样本面积11%~25%	MR 中抗
4	病斑占样本面积26%~50%	MR 中抗
5	病斑占样本面积51%~75%	MS 中感
6	病斑占样本面积76%~85%	MS 中感
7	病斑占样本面积86%~90%	HS 高感
8	病斑占样本面积91%~95%	HS 高感
9	病斑占样本面积≥96%	VS 极高感

(5)病害诊断、病原分离与观察。

采集受害植株标本,通过比对病害症状,进行病害诊断;对采集的病株标本,确定病害种类后利用相应的微生物实验技术分离培养病原,制作装片进行观察,并与病原标本、照片等进行比较鉴定。

实训二
果树病害的田间诊断及调查

1. 果树病害种类的调查

主要对火龙果、柑橘等果树的主产区病害发生种类及为害程度进行调查，通过调查，基本明确各树种主要病害的种类及其为害严重程度。

病害调查方法：用随机普查与重点系统观察结合的方式进行病害系统调查和材料收集，利用工具书检索、咨询有关专家、进行分析检测等鉴定方法，明确各树种主要病害种类。在选定的一片果园中取5个观察点，从1月上旬开始对果园病害进行调查，每隔15 d调查一次，了解病害的发生时期、为害情况，果园损失程度等。

2. 果树主要病害发生规律的调查

通过系统调查，了解各树种的主要病害，调查其主要病害的发生发展规律。定点定株，每7 d调查一次，记录每次调查结果。调查时采用五点取样法，每点定点调查固定的叶片或枝条，每棵树分东、南、西、北、中5个方位选取叶片、枝条，调查叶片或枝条上所有的病害发生情况，计算其病情指数。

病情指数 = [∑（各级病枝数×该级代表值）/（检查总枝数×最高级代表值）]×100。

3. 火龙果主要病害发生症状及发生规律

（1）火龙果溃疡病。

症状：火龙果溃疡病为害火龙果的茎秆和果实。初期茎秆和果实脱色形成圆形小斑，继而形成典型的褐色和黑色溃疡病病斑，病斑突起，扩大后相互粘连成片，湿度大时病斑扩大，果实和茎秆迅速腐烂，空气干燥时腐烂病枝干枯发白，在果实上形成黑色溃疡病病斑，开裂。发病后期在溃疡斑上形成小黑点（见插页图7-2-1）。

发生规律：该病从植株抽生嫩梢到结果期间均可发病，发病始于幼嫩的枝条，在高温高湿环境中易暴发，早春和初夏多雨、温暖、多雾、高湿、阴雨连绵、天气闷热时有利于发病。低洼积水，田间郁闭，湿度大，修剪粗糙、留枝过密，树势衰弱以及偏施氮肥或不腐熟的农家肥,会提高发病率。火龙果溃疡病一年四季均有发生。

(2)火龙果茎腐病。

症状:病斑初期呈浸润状半透明,后期病部组织出现软腐状。潮湿情况下,病部流出黄色菌脓,发出腥臭,并且蔓延至整个茎节,最后只剩茎中心的木质部。(见插页图7-2-2)

发生规律:病菌靠水流、昆虫及病健枝接触或操作工具等传播,枝条损伤及其他伤口都为病菌的侵入打开了方便之门。冬末春初的1月至3月和雨水较多的6月至7月发生较重,当温度高,特别是湿度大时发病严重,土壤潮湿时发病尤多。

(3)火龙果炭疽病。

症状:火龙果炭疽病可发生在枝条、茎秆及果实上。在枝条、茎部初感染时,病斑为紫褐色散生、凹陷小斑,后期扩大为圆形或梭形病斑,会产生茎组织病变,病斑转淡灰褐色,出现黑色细点,呈同心轮纹排列,并突起于茎表皮。成熟果实后期转色后,才会被感染,一旦果实受感染,会呈现凹陷及水浸状,凹陷病斑呈现淡褐色,病斑会扩大而相互融合。(见插页图7-2-3)

发生规律:火龙果炭疽菌主要借助于风雨或者昆虫传播,在温度高、雨水多、湿度大的环境中大量繁殖,病菌从火龙果的气孔、皮孔等地方进入开始侵染,树势弱的植株容易感病,发病情况随茎节位置不同而不同,中部茎节发病比较严重,老茎节和嫩茎节发病相对较轻,低温干旱不利于病菌发病,主要在高温多湿的环境中发病。

(4)柑橘疮痂病。

症状:柑橘疮痂病主要为害柑橘的叶片、嫩枝和幼果,也可为害花瓣和花萼,严重时会导致果实畸形,造成减产。叶片受害后,最初产生油渍状小点,后逐渐扩大,蜡黄色,木栓化,病斑大多发生在叶背上,斑比较小,直径0.3~2.0 mm,叶背面突起呈圆锥状或瘤状,表面粗糙,叶正面病斑凹陷,病斑不穿透叶片,散生或连片,病害发生严重时叶片扭曲、畸形。新梢受害,病斑周围突起现象不明显,病枝与正常枝相比较为短小,然后开始出现油渍状黄色小斑点,后变成蜡黄色,病斑逐渐扩大并木栓化,有明显的凸起。幼果发病,症状与叶片相似,果面密生茶褐色疮痂,常早期脱落,残留果发育不良,果小、皮厚、果面凹凸不平;近成熟果实染病,病斑小,不明显,有的病果病部组织坏死,呈癣皮状脱落,下层组织木栓化,皮层变薄且易开裂。柑橘发生疮痂病后,引起大量幼果、嫩叶脱落,未落果实小、畸形。

发生规律:柑橘疮痂病病菌一般在病梢、病叶、病果上越冬,在春季气温回升后借风、雨或昆虫传播,从萌发芽管侵入春梢、嫩叶、幼果、花蕾。不同柑橘品种抗病性不同,如橘类最易感病,柑类、柚类、柠檬次之,而甜橙类及金柑类较抗病。春梢、晚秋梢抽梢期,如遇连绵阴雨或晨雾浓、露重,该病即流行。夏梢期由于气温较高,一般发病较轻。15年以上树龄果树发病较轻,15年以下树龄果树发病较重。虫害防治不及时、果园郁闭或果园积水等均会引起疮痂病的发生。

(5)柑橘溃疡病。

症状:叶片受害,初期在叶背上出现黄色或淡黄色针头大小的油浸状褪绿斑点,后渐扩大穿透叶肉,在叶片两面不断隆起,成为近圆形木栓化的灰褐色病斑,一般背面隆起比正面更加明显,周围有黄色晕圈,并在晕圈外有一层釉光边缘。后期病斑中央凹陷成火山口状,呈放射状开裂,表面粗糙呈木栓化,病斑大小依品种而异,一般直径为2～5 mm,最大的可达7～8 mm,常常几个病斑融合形成不规则的大病斑。枝梢受害,以夏季嫩梢最为严重。病斑特征基本与叶片上的相似,但比叶片上的病斑隆起程度更大,病斑大小5～6 mm,周围没有黄色晕环。严重时引起叶片脱落,枝梢枯死。果实上的症状也与叶片上的相似,但病斑中部凹陷、龟裂和木栓化比叶片上病斑更显著,病斑更大,一般直径5～6 mm,最大的可达12 mm,病斑中央火山口状开裂也更明显。由于品种不同,釉光边缘的宽狭及隐显有差异,发病严重时引起早期落果。(见插页图7-2-4)

发病规律:病菌在柑橘病部组织内越冬。翌年温度和湿度适宜时,细菌从病斑中溢出,借风、雨、昆虫和枝叶交互接触短距离传播。远距离传播则主要借助带菌苗木、接穗和果实。病菌侵染幼嫩组织时,由气孔、皮孔和伤口侵入,潜育期3～10 d,不同柑橘品种的抗病性差异明显,其中甜橙类最易感病,柚、酸橙次之,宽皮柑橘类较抗病,金柑类最抗病。病菌只侵染一定发育阶段的幼嫩组织,刚抽发的嫩梢叶和刚形成的幼果,其气孔还未形成,病菌不能入侵。叶片完全伸展但尚嫩绿时(嫩叶萌发20～55 d),幼果在落花后35～80 d,气孔形成最多,且处于开放型阶段,间隙大,病菌容易侵入,导致大量发病,达到发病最高峰。当新梢老熟,叶片完全革质化时,气孔不再形成,原有气孔趋于老熟,病菌不易侵入,发病基本停止。该病发生的温度范围为20～35 ℃,最适为25～30 ℃。高温高湿天气是流行的必要条件。暴风雨和台风给寄主造成大量伤口,更有利于病菌的传播和侵入。

(6)柑橘黄龙病。

柑橘黄龙病为害新梢、嫩叶、花、果实等部位。

叶片症状表现为：均匀型黄化、斑驳型黄化、缺素状黄化等。均匀型黄化主要是新梢不转绿。斑驳型黄化主要是从叶片的基部和边缘开始发黄，黄绿相间，呈现斑驳状。夏梢在嫩叶期均匀黄化，叶片硬化失去光泽，似缺氮状；有的叶脉呈绿色，叶肉黄化，呈细网状，似缺铁症状；有的叶上出现不规则、边缘不明显的绿斑。老枝上的老叶也可表现黄化，多从中脉和侧脉开始变黄，叶肉变厚、硬化，叶表无光泽，叶脉肿大，有些肿大的叶脉背面破裂，似缺硼状。

枝梢症状：发病初期部分新梢叶片黄化，出现"黄梢"，黄梢最初出现在树冠顶部，后渐扩展，经1～2年后全株发病。病树树冠稀疏，枯枝多，植株矮小。枝条由顶端向下枯死，病枝木质部局部或全部变为橙玫瑰色，最后全株死亡。

病花病果症状：病树的花比正常树的花开得早，花小畸形，结果少，果实畸形，果小，无光泽，果皮变软，着色时黄绿不均匀，有的果蒂附近变橙红色，而其余部分仍为青绿色，称为"红鼻子果"，果实味酸、品质极差。(见插页图7-2-5)

根部症状：病树极少长新根，老根容易从细根开始腐烂，其严重程度与地上枝梢一致。枝叶发病初期，根多不腐烂，叶片黄化脱落时，须根及支根开始腐烂，后期蔓延到侧根和主根，皮层破碎，与木质部分离，木质部黑腐。

发生规律：黄龙病的发生流行与气象条件有重要关系，一般5月下旬开始发病，8—9月最严重。春、夏季多雨，秋季干旱，发病重。施肥不足，果园地势低洼，排水不良，果园郁闭，发病重。柑橘木虱发生重，柑橘黄龙病发生亦重。已知的柑橘品种和近缘种都会感染黄龙病，不同品种对黄龙病的抗性有较大差异，橙类耐病力较强，但椪柑类的耐病力弱，感染此病后很快衰退。柑橘黄龙病的传播媒介是苗木和柑橘木虱，所以苗木带病率、田间病株率及介体木虱的种群数量是影响黄龙病发生流行的主要因素。

(7)柑橘炭疽病。

症状：可为害叶片、枝梢、花和果实。慢性型(叶斑型)发病多在发育中叶片或老叶的叶尖或近叶缘处，病斑圆形或近圆形，稍凹陷，初呈黄褐色，后期灰白色，边缘褐色或深褐色，病健交界明显。在天气潮湿时，病斑上出现许多朱红色而带黏性的小液点，在干燥条件下，干枯病部呈灰白色，病斑表面密布小黑点，散生或呈轮纹状排列。

急性型(叶枯型)发病常从叶尖开始,初为暗绿色,像被开水烫过的样子,病健交界不明显,后变为淡黄或黄褐色,叶卷曲,叶片很快脱落。此病发病快,从开始到叶片脱落只有3~5 d,叶片已脱落的枝梢很快枯死,并且在病梢上产生许多朱红色且带黏性的液点。

花开后,病菌侵染雌蕊柱头,使其呈褐色、腐烂,引起落花。果实感病,多从果蒂或其他部位开始出现褐色病斑,干燥条件下,病健交界明显,呈黄褐色至深褐色,稍凹陷,病部果皮革质,病组织只限于果皮层。湿度较大时,果实上病斑呈深褐色,并逐渐扩大,最终全果腐烂。幼果发病,初期出现暗绿色不规则病斑,病部凹陷,其上有白色霉状物或朱红色小液点,后扩大至全果,病果腐烂后,失水干枯变成黑色僵果挂在树上。

发生规律:炭疽病菌以菌丝体和分生孢子形式,在病叶、病果和病枝上越冬,翌年温湿度条件适宜时,分生孢子萌发,借风雨或昆虫传播,从气孔、伤口或直接穿透表皮侵入寄主组织。新感染的病部再产生分生孢子反复传播流行,直至秋季气温下降后才停止活动。高温多湿和连续阴雨天气的情况有利于该病的发生,缺肥、排水不良、受旱、受冻、生长不好的树容易感病。甜橙、椪柑、温州蜜柑和柠檬发病较重。此外,该病还有潜伏侵染的特性,当年抽发的新梢枝叶大部分携带炭疽病菌,次年在条件适宜时便引起发病。

参考文献

[1]郭书普.新版果树病虫害防治彩色图鉴[M].北京:中国农业大学出版社,2010.

[2]北京农业大学.农业植物病理学[M].北京:农业出版社,1982.

实训三
茶园病害的田间诊断及调查

掌握茶园病害的田间诊断及调查方法，学会对调查结果进行统计分析，为茶树病害的预测预报和制定防治方案奠定基础。

茶园调查一般分为普查和详细调查。

普查是以一个茶园片区（或苗圃）为对象进行普遍的调查，要查明主要病害种类、分布情况、为害程度及蔓延趋势等，并提出防治建议。根据普查所得资料，必须确定主要病害种类，初步分析茶树受害原因，并且把这些材料都归纳到防治方案中去。

详细调查又称样方调查，是在普查的基础上，根据病害的分布类型，对为害较重的病害种类设立样方进行调查。其目的是精确统计病害发生数量、茶树被害的程度及所造成的损失等，并对茶树病害发生的生物学规律做深入的分析研究，从而指导病害的防治。

1. 病害发生程度的调查与评估

一般全株性的病害（如枯萎病、根腐病或细菌性青枯病等）或被害后损失很大的病害，采用发病（株）率表示为害程度，其余病害一律进行分级调查，以发病率、病情指数来表示为害程度。测定方法是先将样方内的植株按病情分为健康，轻、中、重度发病，枯死等若干等级，并以数值0，1，2，3，4等分别代表这些等级，统计出各等级株数后，按公式计算。

目前，各种病害分级标准尚未统一，可从现场采集标本，按病情轻重排列，划分等级，也可参照已有的分级标准。现将有关病害的分级标准列表如下，以供参考（见表7-3-1、表7-3-2）。

表7-3-1　枝、叶病害分级标准

级别	代表值	分级标准
1	0	健康
2	1	1/4以下枝、叶感病
3	2	1/4～1/2枝、叶感病
4	3	1/2(不含)～3/4枝、叶感病
5	4	3/4以上枝、叶感病

表7-3-2　树干部病害分级标准

级别	代表值	分级标准
1	0	健康
2	1	病斑的横向长度占树干周长的1/5以下
3	2	病斑的横向长度占树干周长的1/5～3/5
4	3	病斑的横向长度占树干周长的3/5以上
5	4	全部感病或死亡

2.茶树不同受害对象的调查

(1)茶苗病害调查。

在苗床上,设置大小为1 m²的若干样方,样方总面积以不少于被害面积的0.3%为宜。在样方上对茶苗进行全部统计,或对角线取样统计,记录所调查的茶苗数量和感病、枯死茶苗的数量,计算发病率(见表7-3-3)。

表7-3-3　茶苗病害调查

调查日期	调查地点	样方号	品种	发生病害名称	茶苗状况和数量				发病率	死亡率	备注
					健康	感病	枯死	合计			

(2)茶树茎干病害调查。

调查样本数量取决于受害程度,一般不少于100株。调查时,除统计发病率外,还要计算病情指数(见表7-3-4)。

表7-3-4　茎干病害调查

调查日期	调查地点	样方号	病害名称	品种	总茎干数	感病茎干数	发病率	病害分级					病情指数	备注
								0	1	2	3	4		

(3)茶树叶部病害调查。

按照病害的分布情况和为害程度,在样方中每1 m²调查100～200片叶(见表7-3-5)。

表7-3-5　叶部病害调查

调查日期	调查地点	样方号	病害名称	品种	总叶数	病叶数	发病率	病害分级					病情指数	备注
								0	1	2	3	4		

3.调查及统计分析的注意事项

调查统计时,要有明确的调查目的,充分了解当地基本情况,采用科学的取样方法并认真记录。对调查数据进行科学整理和准确统计,从而得出正确结论。

普查与详细调查在时间上都有一定的局限性。必要时,可在有代表性的地段设立一定数量的固定观察点,进行系统调查。

第八章

园艺植物病害综合实训

实训一
植物病害病原的分离、培养及鉴定

一、目的

学习掌握植物病害病原分离、培养和鉴定的基本原理与方法,为植物病害诊断提供依据。

二、原理

侵染性植物病害通常由细菌、真菌、病毒或线虫等生物性病原引起。染病植物病害组织部位含有病原个体,如果给予适宜的环境条件,病原一般都能恢复生长繁殖。从染病植物组织中将病原分离出来,再将分离到的病原在适宜条件下培养并纯化,这个过程称为植物病原的分离培养。

常用的植物病原的分离方法有组织分离法和稀释分离法两种。分离真菌病原通常采用组织分离法,即切取小块染病组织,经表面消毒和无菌水洗过后,移到人工培养基上培养;在染病组织处产生大量孢子的病原菌,以及细菌病原的分离通常采用稀释分离法。植物病毒因不能脱离活的寄主正常生活,通常采用"单点分离"方法从染病植株中分离。植物线虫是一类特殊原生动物,可通过显微镜目测分离、漏斗分离等方法进行分离。经分离培养获得病原后,利用微生物分类鉴定方法,即可根据病原形态特点予以鉴定。

三、材料及器具准备

各类染病植物、病原标本,乳酸,乙醇,次氯酸钠溶液,PDA培养基,NA(营养琼脂)培养基,斜面培养基,酒精灯,手术剪,眼科镊,培养皿,小烧杯,大烧杯,恒温培养箱,超净工作台,显微镜等。

四、步骤

(一)病原分离培养

根据植物病害症状表现,初步确定病原是真菌、细菌、病毒还是线虫,根据确定结果选取合适的方法,进行分离培养。

1. 组织分离法

(1)培养皿的准备:取无菌的培养皿,放在湿纱布上,在盖子上注明分离的日期、材料和分离者的名字。

(2)培养皿平板制备:用无菌操作法向培养皿中加入25%乳酸1~2滴(减少细菌污染),然后加入熔化并冷却至45 ℃左右的马铃薯葡萄糖琼脂,轻轻摇动使其呈平面。

(3)切开小块患病组织:取新鲜的患病组织,选择典型的单个病斑,然后用剪刀或手术刀从病斑边缘切取小块组织。

(4)表面消毒:将小块的患病组织浸入70%乙醇中几秒钟后,按照无菌方法,将其移入3%~5%次氯酸钠溶液中5~15 min,然后用无菌水连续冲洗3~4遍。

(5)用无菌操作法将置于无菌滤纸上吸干水分后的患病组织块移至培养皿,每个培养皿内可放4~5块。

(6)将培养皿置于26~28 ℃恒温培养箱培养3~4 d后观察结果。

2. 稀释分离法

(1)取3个无菌培养皿,将它们平放在湿纱布上,并编号1,2,3,注明日期、分离材料和分离人员的姓名。

(2)用无菌吸管吸取无菌水,然后在每个培养皿中加入0.5 mL无菌水。

(3)用无菌接种器具从染病组织上刮取病原芽孢(或病原细菌),转移至无菌水中,制备芽孢/细菌悬液。

(4)将接种器具浸入芽孢/细菌悬液后,依次转移至3个培养皿中与无菌水混合,形成芽孢/细菌悬液梯度(也可以通过改变无菌水体积直接制备不同浓度梯度的芽孢/细菌悬液)。

(5)将3份熔化并冷却到45 ℃左右的NA培养基分别倒在3个培养皿中,摇动使其与稀释的芽孢/细菌悬液充分混匀,水平放置,待其冷却凝固。

(6)翻转培养皿并将其置于恒温培养箱中(28 ℃)培养2~3 d后观察菌落生长情况。

3.划线接种法

除了上述稀释分离法之外,细菌病原也常使用划线接种法分离。

(1)预先将NA培养基倒入培养皿,凝固成NA平板后,翻转置于30 ℃恒温培养箱中4~6 h,使表面没有水滴凝结。

(2)准备细菌悬浮液。

(3)在培养皿盖上写下分离材料的名称和日期。

使用无菌接种器具蘸取细菌悬浮液在NA平板上划线接种。划过第一次线后的接种器具应放在火焰上烧过,冷却后直接在第一次所划线的末端向另一方向划线,同上操作,灭菌后再划第三、第四次线。

(4)翻转培养皿并置恒温培养箱(28 ℃)培养2~3 d观察菌落生长情况。

4.线虫分离

大多数植物的寄生线虫只会破坏根部,有些会在根部内寄生,有些会破坏地面上的茎、叶、花和果实。从染病植物和土壤中分离线虫的方法包括漏斗分离、浅盘分离和浮选(囊状漂浮物分离方法)等。

(1)贝尔曼漏斗分离方法。

该方法操作简单方便,适用于分离植物材料和土壤中相对活跃的线虫。通常,使用直径为10~15 cm的塑料漏斗,以及带有弹簧夹的乳胶管。漏斗放在木框或铁环上,用双层纱布包裹染病植物材料或土壤样品,然后将其缓慢浸入漏斗中的清水内,浸泡24 h后,样品中的线虫由于水的作用从材料中游到水中,并由于自身的重量逐渐沉入漏斗底部的橡胶管中。缓慢释放橡胶管中5 mL水至离心管,以1 500 r/min离心3 min,弃去上清液,将底部沉淀物倒入玻璃杯或计数皿中,并在解剖显微镜下计数。

(2)浅盘分离方法。

将两根不锈钢浅套管组合在一起,上面的一个称为筛盘,底部是筛子(10目),下面的筛子稍大一些;将特殊的线虫滤纸放入筛盘,用水浸湿,然后在其上放一层餐巾纸,将土壤样品或要分离的材料放在餐巾纸上,加水浸入托盘中保持8 d;材料中的大多数线虫都会通过滤纸进入托盘的水中,收集托盘中的水,通过两层小筛(上层是25

目粗筛,下层是400目细筛)分离线虫;线虫大多集中在下部筛上,可用少量水冲洗到计数皿中。浅盘法相比漏斗法可以分离更多的活虫,并且碎屑更少。

(3)囊状漂浮物分离方法(Fenwick-Oostenbrink改进的漂浮方法)。

对于不活跃的线虫胞囊,可以使用Fenwick浮动管分离。试管中先装满水,然后将10.0 g的风干土壤放入顶部筛子中。用强力水冲洗土壤样品,然后将所有样品倒入量筒中,向顶部筛子中缓慢加水,使土壤颗粒和其他杂物沉入量筒的底部,线虫胞囊和草渣漂浮并沿倾斜环槽流入接收筛(100目),将接收筛收获的胞囊倒入装有滤纸的漏斗中,清洗并在滤纸上收集胞囊。在解剖镜或放大镜下拾取线虫。

(二)真菌、细菌病原观察、鉴定与保存

用无菌方法从培养皿中选择培养的病原菌菌落,挑取菌丝和孢子,显微镜下观察,与病原标本比对后进行鉴定。挑取的单菌落重新接种至斜面培养基,置于26~28 ℃恒温培养箱内培养3~4 d,观察菌落生长情况,如无杂菌生长,即得病原菌纯菌种,可置于冰箱中保存。如有杂菌生长,则再次分离纯培养后移入斜面培养基培养保存。

五、注意事项

(1)分离培养一般在无菌室、无菌箱或无菌工作台(超净工作台)上进行。

(2)在清洁房间里操作时关闭门窗,避免空气流动。

(3)凡是和分离材料接触的器皿(刀、剪、镊、针等)都要随时(至少在使用时)保持无菌。

实训二
园艺植物病害综合防治方案的制定

以茶树病害防护及茶园栽培管理为例,通过茶园主要病害的识别与诊断,调查当地茶园主要的病害种类、发生和为害情况,根据病害的发生及为害规律,制定科学的防治方案。

(一)茶树芽叶部病害防治措施

1. 部分芽叶部病害防治指标和防治适期(见表8-2-1)

表8-2-1 部分芽叶部病害防治指标和防治适期

病名	田间病害调查方法	防治指标	防治适期
茶饼病	对角线取样点10个,每点取0.5 m行长内所有芽梢,调查总叶片数和病叶数	芽梢发病率达35%	在春、秋季发病期内,5 d中有3 d上午日照时数<3 h,或降雨量≥2.5~5.0 mm
茶白星病	发病流行期,每7 d调查1次,五点取样,每样点取样100个芽叶,检查发病情况	芽梢发病率达6%	早治
茶芽枯病	3月下旬至6月下旬,每7 d调查1次,五点取样,每样点取样100个芽梢,检查发病情况	芽叶发病率达4%~6%	早治
茶云纹叶枯病	从春茶芽叶萌动期至秋茶采摘结束,每7 d调查1次。取样时,去除边行5行及行头、行尾5 m,每隔10行取1行,定距10步或20步,从左右行随机各取1枝茶枝,统计总叶片数和病叶数	成叶发病率达10%~15%	当发病率达10%时预报,达15%时立即组织防治
茶红锈藻病	采用五点取样法或行间左右取样,按不同部位方向或一定行距、步距均匀取30丛,计算发病率和病情指数	越冬期病枝率>30%	在大田调查中,若发病率>30%、病情指数>25%或发病率达50%左右、病情指数在20%以下,当春天气温上升到26 ℃左右,相对湿度达85%左右时,为防治适期

2.综合防治措施

(1)农业措施:除草以利通风透光,降低荫蔽程度,以降低湿度;合理施肥,适当增施磷钾肥,以增强树势,提高茶树抗病力;分批多次采摘,尽量少留嫩梢、嫩叶,以减少侵染的机会;彻底摘除病叶和有病的新梢,减少再次侵染的菌源。

(2)加强测报,发病初期喷施百菌清、甲基托布津等杀菌剂。

(3)药剂防治:茶芽枯病喷施50%托布津、70%甲基托布津、70%甲基硫菌灵;茶白星病喷施福美双、50%托布津、70%甲基托布津、70%甲基硫菌灵等;茶炭疽病施用50%苯莱特、25%托布津、75%百多胶悬剂、75%百菌清、70%甲基硫菌灵;茶饼病可用25%三唑酮或硫酸铜液进行防治。

(4)非采摘期喷施波尔多液可减少来年叶部病害的发生;秋季结束后喷施石硫合剂,可抑制病害的蔓延和侵染。

(二)茶树枝干部病害防治措施

(1)栽培管理:因地制宜地选用抗病品种;注意茶园排水,改良土壤,促进树势健壮,增强抗病力。

(2)药剂防治:茶枝梢黑点病可在发病盛期前喷杀菌剂,可用70%甲基托布津可湿性粉剂1 000倍液喷雾。茶红锈藻病发病严重地区,可在每年病原传播期前喷施0.2%硫酸铜液、0.5%~0.6%石灰半量式波尔多液(非采摘季节使用)或70%甲基硫菌灵可湿性粉剂1 000倍液。

(三)茶树根部病害防治措施

(1)栽培管理:选用无菌健苗,发现病苗及时挖除烧毁;注意茶园排水,改良土壤,促进苗木健壮,增强抗病力;适当增施磷钾肥。

(2)药剂防治:发现茶苗白绢病病株并拔除后,周围换新土并施入杀菌剂,如0.5%硫酸铜液或70%甲基硫菌灵可湿性粉剂1 000倍液,消毒后再补苗,感病茶园喷施70%甲基硫菌灵可湿性粉剂1 000倍液,连喷3次,喷匀喷透,严重时用其涂抹病株;茶紫纹羽病局部发病的茶园,挖除病株及根部残余物,在其周围挖40 cm深的沟,用40%福尔马林20~40倍稀释液浇灌土壤,处理后覆土并用塑料布覆盖24 h,隔10 d再浇灌1次,也可用50%甲基硫菌灵可湿性粉剂500倍液灌根。

(四)茶树病害防治效果评价

在实施农业防治后,观察树势,调查茶树抗病力情况,评价防治效果。

在实施药剂防治时,分别在施药后 7 d,10 d,15 d 调查田间病情,分析防治效果,参照如下公式计算。

$$相对防治效果 = \frac{对照区病情指数 - 处理区病情指数}{对照区病情指数} \times 100\%$$

$$校正绝对防治效果 = \frac{防治区病情指数下降率 \pm 对照区病情指数下降率}{1 \pm 空白对照区病情指数下降率} \times 100\%$$

注:对照区病情指数较以前增加时,式中用"+"号,减少时用"-"号。

附录

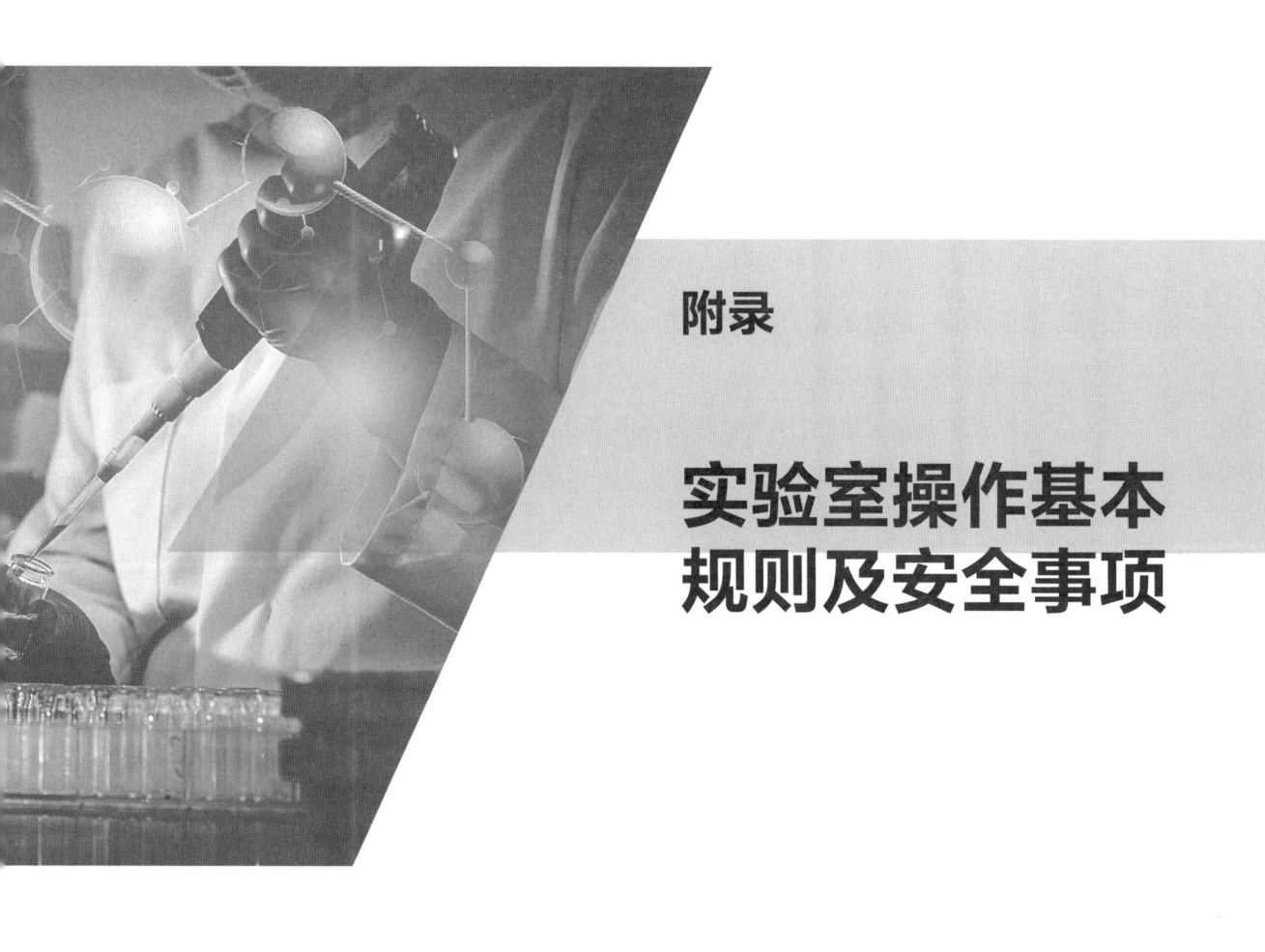

实验室操作基本规则及安全事项

一、实验室守则

进入实验室的人员应具有高度的安全责任意识,严格遵守国家和学校的有关安全法规及制度,认真执行仪器设备的安全操作规程,落实各项安全措施,做好防火、防爆、防盗、防潮、防腐蚀等工作,经常进行安全检查,对异常情况及时妥善处理,预防各类事故发生。

(1)在实验室工作时,任何时候都必须穿着实验服。在进行任何有可能碰伤、刺激或烧伤眼睛的工作时,还须戴防护眼镜。严禁穿着实验室防护服离开实验室(如去餐厅、咖啡厅、办公室、图书馆、休息室和卫生间)。避免在实验室内穿露脚趾的鞋子。

(2)请注意实验室公共卫生,按时清扫,保持整齐清洁的实验环境,严禁吸烟和乱扔杂物。不得将与实验无关的物品带入实验室,不得将实验室物品带出实验室。

(3)实验期间不得大声喧哗,不得在实验区域接听或拨打电话。严禁在实验室内吃东西,放置食物(实验材料除外)。如有养殖实验动物所需的饲料等材料,请封闭包装,妥善放置。

(4)在使用实验室仪器设备、试剂和药品等之前,实验者应当提前掌握设备安全操作规程,懂得实验原理,清楚试剂或药品配制方法及注意事项,熟悉整个实验方案或步骤。否则,不得随意开启实验。

(5)在进行可能具有潜在感染性的操作时,应提前戴上合适的手套,且手套使用完毕后,应先消毒再摘除,随后必须用洗手液洗手。

(6)实验室内的每瓶试剂必须贴有明显的与试剂相符的标签,并标明试剂名称、浓度及配制日期或标定日期。严禁私自带走任何实验试剂、药品、工具或生物标本等物品;严禁实验操作期间将实验材料及工具用于恶作剧。

(7)开启易挥发药品(如乙醚、丙酮、浓硝酸、浓盐酸、浓氨水等)的容器时,尤其是在夏季或室温较高时,应先用流水冷却后盖上湿布再打开,切不可将瓶口对着自己或他人,以防气液冲出发生事故。

(8)对于可嗅闻判别的实验气体或药品,应采用招气入鼻的方式,即用手轻拂气体,扇向实验者正面(少量),不可把鼻子凑到容器上,也不能以嘴尝味道的方法来鉴别未知物。

(9)实验操作时如会产生有害气体、烟雾或粉尘,必须在通风良好的通风柜内进行。有毒气泄漏时应及时停止实验。

(10)严禁乱接、乱拉电线,保证用电安全;使用电气设备时要谨防触电,不要用湿手接触电器,实验结束后应切断电源。

(11)在使用仪器前后,需要完成使用登记记录;使用后,有责任保持仪器清洁、无污染。当发生突发故障时,应立即关闭仪器,告知管理人员,不得擅自拆修。离开实验室时应检查门、窗、水、电、气是否安全及关闭。

(12)凡违反安全规定造成事故的,要追究肇事者和相关人员的个人责任,并予以严肃处理。

二、实验室常用技术与安全操作

(一)生物显微镜的基本构造及使用方法

在学习植物病害的相关知识时,常常借助生物显微镜来观察植物病原真菌、病原细菌、线虫等的临时玻片、固定玻片、生物切片,以及病部细胞或组织等。生物显微镜的光学技术参数包括:数值孔径、分辨率、放大倍数、焦深、视场宽度、覆盖差、工作距离等。在使用前,须先熟悉其构造(见附图1),并掌握正确的使用方法。

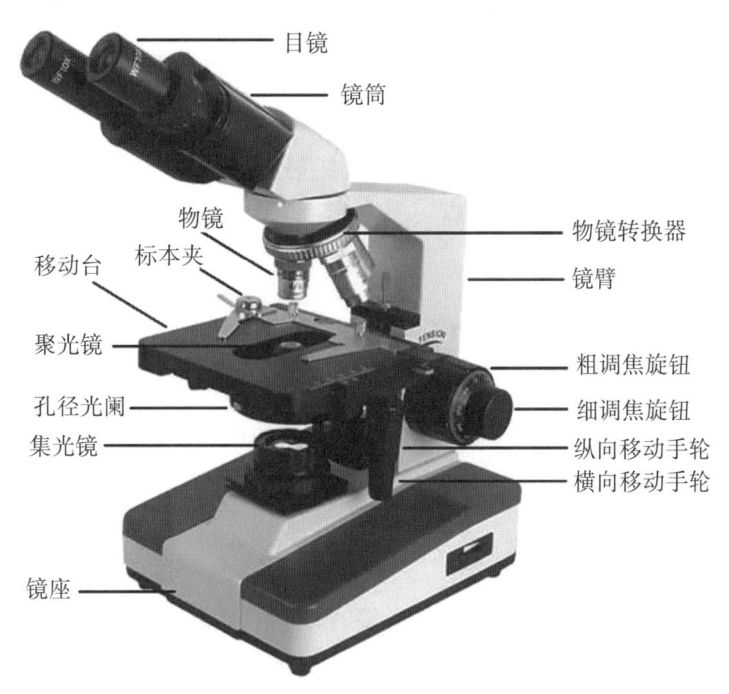

附图1 显微镜结构

1. 生物显微镜基本构造

(1)镜座:位于显微镜底部,用于支持全镜。

(2)镜臂:位于镜筒后面,通常为弓形,用于支持镜筒和供搬移显微镜时握持。

(3)镜筒:位于显微镜上方,上接目镜,下接物镜转换器。

(4)物镜转换器:位于镜筒下方的转盘,通常有3~4个圆孔,可装配不同放大倍数的物镜,可使每个物镜通过镜筒与目镜构成一个放大系统。

(5)移动台:又名载物台、工作台或镜台,用于放置标本。移动台上有两个金属压片夹叫标本夹,用于固定玻片标本。有的移动台上装有玻片移动器,用来移动标本,有的移动台本身可以移动。

(6)调焦装置:为了观察到清晰图像,须调节物镜与标本之间的距离,使物镜焦点对准标本,即调焦,可以通过旋转粗调焦旋钮和细调焦旋钮来实现。

(7)物镜:安装在镜筒下端的物镜转换器下方,因其靠近被视物体,故又称接物镜。物镜是决定显微镜性能最重要的构件。物镜的作用是将标本第一次放大,使其成倒立实像。一台显微镜备有多个物镜,物镜下端的透镜口径越小,镜筒越长,其放大倍数越高。物镜有低倍物镜和高倍物镜之分,其放大倍数一般刻在物镜的镜筒上,如4×、8×、10×、100×,分别表示4倍、8倍、10倍、100倍。其中40~65倍的叫高倍物镜,90倍或100倍的称为油浸物镜。

(8)目镜:安装在镜筒上端,因其靠近观察者的眼睛,又称接目镜。目镜的作用是将由物镜放大的实像进一步放大,但并不提高显微镜的分辨率。根据需要,目镜内可安装测微尺,用以测量所观察物体的大小。一般显微镜备有几个放大倍数不同的目镜,其放大倍数刻在目镜边框上,如5×、10×、15×等。显微镜的总放大倍数=物镜放大倍数×目镜放大倍数。

(9)聚光镜和孔径光阑:安装在移动台下方的支架上。聚光镜作用是会聚通过集光镜的光线,增加标本的照明。孔径光阑又称光圈,用来调节光线的强弱。在孔径光阑下面,通常还有一个圆形的滤光片架,可根据镜检需要放置滤光片。

(10)光源:通常安装在显微镜的镜座内。

2. 生物显微镜的使用方法

(1)取用和放置:从镜箱中取出显微镜时,须一手握持镜臂,一手托住镜座,保持镜身直立,切不可用一只手倾斜提携,防止摔落目镜。轻取轻放,放时使镜臂朝向自己,置于距桌子边沿5~10 cm处。要求桌子平衡,桌面清洁,避免阳光直射。

(2)开启光源:打开电源开关。

(3)放置玻片标本:将待镜检的玻片标本放置在移动台上,然后将标本夹夹在玻片两端,防止玻片标本移动。再通过调节玻片移动器或调节移动台,将材料移至正对聚光镜中央的位置。

(4)低倍物镜观察:用显微镜观察标本时,应先用低倍物镜找到物像。因为低倍物镜观察范围大,容易找到物像并定位到需要做精细观察的部位。

方法为:

• 转动粗调焦旋钮,用眼从侧面观察,使镜筒下降(或移动台上升),直到低倍物镜距标本0.5 cm左右。

• 从目镜中观察,用手慢慢转动粗调焦旋钮,使镜筒渐渐上升(或移动台渐渐下降),直到视野内物像清晰为止。随后改用细调焦旋钮稍调节,使物像最清晰。

• 微调移动台或玻片移动器,找到欲观察的部分。要注意通常显微镜视野中的物像为倒像,移动玻片时应向相反方向移动。

(5)高倍物镜观察:在低倍物镜观察基础上,若想增加放大倍数,可进行高倍物镜观察。

方法为:

• 将欲观察的部分移至低倍物镜视野正中央,物像要清晰。

• 旋转物镜转换器,使高倍物镜移到正确的位置上,随后稍微调节细调焦旋钮,即可使物像清晰。

• 微调移动台或玻片移动器,定位欲仔细观察的部位。

• 注意事项:使用高倍物镜时,由于物镜与标本之间距离很近,因此不能动粗调焦旋钮,只能用细调焦旋钮。

(6)换片:观察完毕,如需要换用另一玻片标本,须先将物镜转回低倍,取出玻片,再换新片,稍加调焦,即可观察。切勿在高倍物镜下换片,以防损坏镜头。

(二)双目立体解剖镜的构造和使用

双目立体解剖镜又称双目实体显微镜或双目解剖镜,它是研究昆虫等微小生物形态构造的一种重要的光学仪器。因此,必须熟悉其构造,并达到掌握使用方法的目的。

双目立体解剖镜的主要特点是：视野里面的物体可以放大为正像，而且有明显的立体感觉，其用途很广，不仅是生物观察、解剖常备的重要仪器，还可用于机件（例如仪表的细小精密部件）的装配修理。

1. 双目立体解剖镜的基本构造

双目立体解剖镜的类型、样式很多，但其结构和使用方法基本相似，以"MSI"型双目立体解剖镜为例介绍其基本结构（见附图2）。

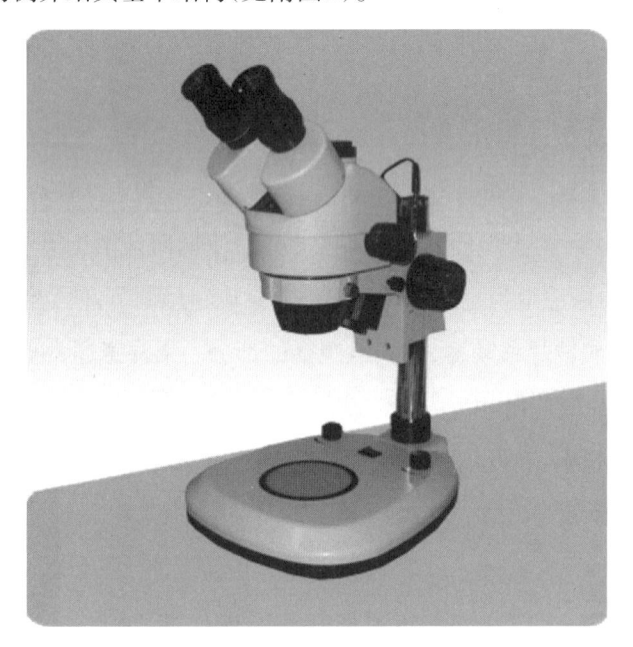

附图2　双目立体解剖镜

"MSI"型双目立体解剖镜由24个部件组成，其主要构件介绍如下：

(1)底座：底座是全镜的基本部分，其上装有支柱，支柱上段为导杆。底座上装有2个压片和1个载物圆片。

(2)调焦装置：可以沿导杆升降和绕导杆转动，是借镜体制紧螺丝固定位置的，调焦装置的滑动是由调焦手轮来操作的。

(3)镜管：镜管是斜筒式，上面装有目镜和眼罩，可以向里、向外移动，眼罩一般要套在目镜上使用，便于固定眼的位置和遮去外来的眩光，戴眼镜使用时可以将眼罩拿掉。

(4)物镜度盘手轮：可调节放大倍数，物镜度盘上的数字代表物镜的放大倍数，被观察物的放大倍数=目镜放大倍数×物镜放大倍数，可根据需要选换目镜（一般备有高倍、低倍两种）或调节物镜倍数，调节物镜倍数时刻数要正对指标点。

(5)照明:观察标本时借用自然光或照明灯照明。双目镜配有6 V、15 W的照明灯,通过专用变压器供电。照明灯安装在导弧上,导弧装在大物镜与主体之间。实验时,我们可用台灯代替专用照明灯。

2. 使用方法与步骤

使用前,须把镜体制紧螺丝向逆时针方向拧松,将调焦装置连同整个镜体沿导杆向上方提起至适当高度(依据观察物厚度和放大倍数灵活掌握),再把螺丝向顺时针方向拧紧。

使用时,首先调整双目斜镜管的距离,使其适于自己眼距,一手转动调焦手轮,另一手移动观察,以左眼为准,找到和看清楚视野内的物像后,再移动右镜筒上的视变圈,使右眼也看清楚物像。使用中可根据需要转动物镜度盘手轮,调整放大倍数,并随时上下转动调焦手轮调节清晰度。此时切忌用力过猛,当上下转动调焦手轮达到一定的限度时,调焦手轮轴内的齿轮就与调焦装置内推进齿上下方的固定螺丝相碰。若再继续转动,螺丝就要断损,故使用时不要转得过高或过低。

3. 使用中注意事项

(1)取镜时,必须一手握紧支柱,一手托住底座,保持镜身垂直,使用前要掌握其性能,使用中按规程操作。

(2)镜头及其各种零件不得拆卸,忌随意擦镜头。如果镜头确实模糊不清,一定要用擦镜纸轻轻擦拭。

(3)调焦手轮不灵活时,要立即停止使用,并报告指导教师,检查故障原因并及时排除故障。

(4)观察裸露标本,特别是浸渍标本时,必须用载玻片,严禁将标本直接放在载物台上,以免污染白色一面,影响反光。

(5)使用完毕,应撤除观察物,并将各部件恢复原位,即把调焦制紧螺丝松开,将镜身轻轻降到导杆上最低位置,并对正底座前方的半圆缺口,再拧紧螺丝,同时调节主体上部位置,压片压在载物圆片上。最后手执立柱,托住底座,送入镜箱内保存。

(三)测微尺和游标卡尺的使用方法

1. 测微尺

基本构造:测微尺又叫显微测微尺,可装在接目镜内,用来直接测量物体的大小,这种测微尺叫作接目测微尺(见附图3),它是一块圆形的玻璃片,玻璃片的中央刻有10 mm长的等分线,共分100格(也有具5 mm长等分线的,共分50格)。

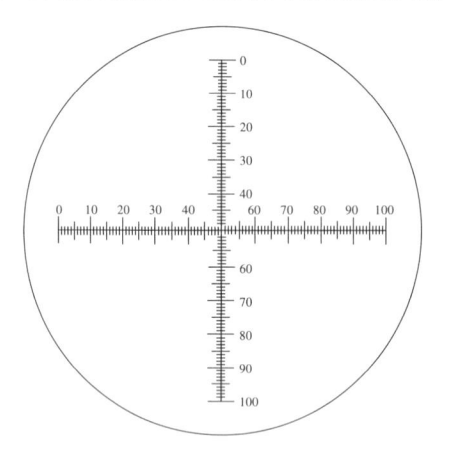

附图3 接目测微尺

在使用时,每格的长度随不同的倍数而改变,在一定倍数下每格的长度应用另一种测微尺来确定,这种测微尺叫作接物测微尺或载片测微尺。它是在一个载玻片上放有一块圆形的玻片,其中有长1 mm并等分100格的尺子,故每格的长度为1/100 mm或10 μm,此长度在任何倍数下不变。

使用方法:首先确定在某种倍数下接目测微尺的每格长度,将接目测微尺装入接目镜内,接物测微尺放在载物台上夹好,调焦使接物测微尺上刻度成像清晰。同时使两种测微尺的刻度互相平行,并使两者在视野边缘处有一刻度相重合,然后再找第二条相重合(或最接近)的刻度,进行计算。

计算方法:假设接目测微尺的10格长度等于接物测微尺的3格长度,则此10格=3×10 μm=30 μm,故每格为3 μm。然后再用此已知每格长度的接目测微尺来测定物体的大小,即以接目测微尺测定物体有多少格,再乘以每格的长度。

注意事项:

(1)利用接物测微尺来确定接目测微尺每格的长度,应该仔细操作3次,每次结果不能相差太大,最后以3次的平均结果来计算;

(2)在调焦时勿使用接物测微尺,否则容易损坏镜头或压坏测微尺。

2.游标卡尺

基本构造:由刻着以毫米为单位的刻度的主尺与其上附着的可以滑动的副尺(游标)所构成。副尺上刻有10个相等的格,其总长等于主尺上9个格的长度(9 mm)。因此,副尺上每格长度比主尺上每格长度小 0.1 mm。此外还有推动副尺滑动的滑动齿轮和固定副尺的制紧阀以及放置测量物体的卡口。

使用方法:测量物体长度时,使物体与卡尺刚好吻合,这时物体长度的整数部分读主尺上的格数,即等于主尺零点至副尺零点之间的格数(毫米数)。具体读数方法如下。

设 A 为测量的物体,其长度的整数部分等于主尺上的 K 个格数。由于副尺上每格比主尺上的每格短,故必然可以在副尺上找到一刻度与主尺上某一刻度相重合或最接近,这时副尺上零点至此刻度为 N 个格,而主尺上零点至此刻度为 $(K+N)$ 个格。这样小数部分(ΔL)应为 N 个主尺格数和 N 个副尺格数长度之差,即 $\Delta L=N\times 0.1$(mm),故 A 的长度 $L_A=K+N\times 0.1$(mm)。

注意事项:

(1)测量前应使主、副尺上两零点相重合,如不重合则将差距记下,在测量后进行修正,才能得到真正的长度。

(2)物体放于卡口时,推动副尺使其刚好卡住,勿使物体变形,否则测量结果不准确。

(四)冰箱与冰柜的维护和使用

(1)冰箱和冰柜应当定期除霜和清洁,应清理出所有在储存过程中破碎的安瓿和试管等物品。清理时应戴厚橡胶手套并进行面部防护,清理后要对内表面进行消毒。

(2)储存在冰箱内的所有容器应当清楚地标明内装物品的科学名称、储存日期和储存者的姓名。未标明的或废旧物品应当高压蒸汽灭菌并丢弃。

(3)应当保存一份冻存物品的清单。

(4)除非有防爆措施,否则冰箱内不能放置易燃溶液。冰箱门上应标明这一点。

三、意外事故急救措施

一旦发生险情,任何人都有责任帮助当事人控制险情,采取急救措施。

1.烧伤和烫伤

将烧伤或烫伤的部位放在凉水中浸泡 10 min,直到疼痛减轻。在发肿前去掉戒指等东西,盖上消毒巾。不能将带黏胶的物品贴在烧伤部位。

2.浓酸和浓碱

浓酸或浓碱若不慎溅在身体上,用水彻底冲洗表面直到皮肤上无残留的酸或碱为止。若不慎少量溅在实验台或地面,必须及时用湿抹布擦洗干净。换掉被污染的衣服,在更换过程中小心再次被污染。

3.切伤和刮伤

所有伤口无论大小都须及时处理。清洁伤口附近的皮肤,然后用消毒巾包扎。发生玻璃扎伤后,在包扎前须小心清理玻璃,去掉扎入的玻璃碎屑。如果大的玻璃扎入,不要擅自取出以免严重出血,应尽快就医。

4.电击

关闭电源。如不能关闭,用干木棍使导线与被害者分开,不能直接用皮肤接触触电的人。遭电击者若已经停止呼吸,要立即进行人工呼吸,直到救护车及医务人员到来。

5.化学物质进入眼睛

做任何工作都应特别重视对眼睛的保护。一旦事故发生,应该:

(1)轻轻地用自来水彻底冲洗。

(2)尽快到医务室或医院就医。

(3)在把受伤者送往医院时,还要提供化学物质性质和救护处理过程等信息。

6.误食化学药品

一旦发生,应该:

(1)如未吞下,吐出后用自来水或适温饮用水漱口。

(2)如已误吞,大量地喝水或喝奶稀释胃中化合物,尽快就医。

(3)去医院时,自身或随行人员须提供化学物质性质和救护处理过程等信息。

7.火灾

实验室失火后,一定要沉着,不要惊慌,根据起火原因与火势大小,及时采取以下措施:

(1)立即关掉电源、气源及通风机。

(2)将室内易燃、易爆物(如压缩气瓶)小心搬离火源,注意搬动时切不可碰撞,以免引起更大火灾。

(3)迅速选用适当的灭火器,将刚起的火扑灭。注意不要用水来扑灭不溶于水的油类以及其他有机溶剂等可燃物上的火。

(4)及时报警:火警电话119。

(5)身上衣服着火时,切不可任意跑动。应用石棉毯裹在身,以隔绝空气而灭火。如无石棉毯时,可就地躺下打滚以灭火。

(6)实验室应配备必要的灭火设备。发现小的火情,用正确方法灭火。灭火时一定要保持人在火源和门之间。

8.电器事故

(1)所有用电仪器均须定期检查其绝缘情况和接地情况。

(2)发现用电仪器有任何不正常,应立即汇报。

(3)恒温加热仪器最易发生火灾。在使用时,应经常观察温度变化;离开加热仪器,不管时间长短,都要检查温度是否恒定,避免持续过夜运作。

(4)仪器或电路安装保险丝要正确,更换时保险丝一定要与电路匹配。

(5)人员触电后,应立即切断电源,或用非导电体将电线从触电者身上移开。如果触电者已经休克,应迅速将其移至充满新鲜空气处,立即进行人工呼吸,并请医务人员尽快到现场抢救。

图5-3-3　半夏白点斑病症状（金义兰 摄）　　图5-3-4　半夏紫斑病症状（金义兰 摄）

图5-3-5　半夏病毒性缩叶病症状（金义兰 摄）

图5-3-6　太子参根腐病症状（左图）及其病原菌孢子形态（右图）（金义兰 摄）

图5-3-7　太子参叶斑病症状(左图)及其病原菌孢子形态(右图)(金义兰 摄)

图5-3-8　太子参白绢病症状(左图)及其病原菌菌丝形态(右图)(金义兰 摄)

图5-3-9　太子参病毒性缩叶病病状(金义兰 摄)

图5-3-10 铁皮石斛软腐病病状（唐明 摄）

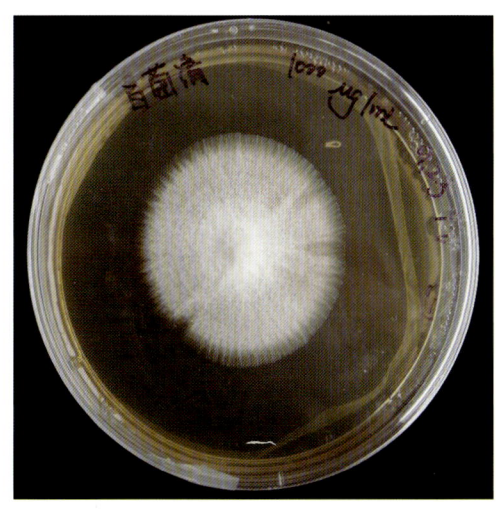

图5-3-11 尖孢镰刀菌在PDA培养基上的形态（唐明 摄）

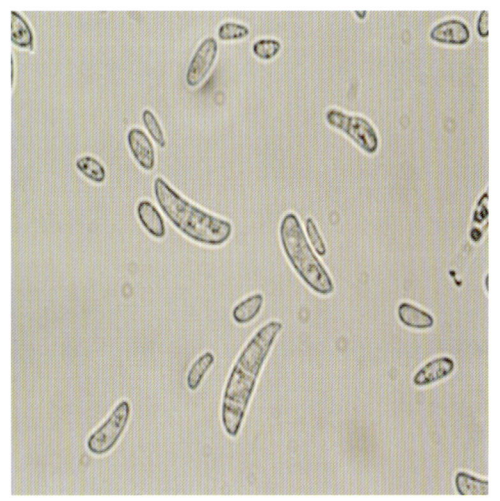

图5-3-12 尖孢镰刀菌显微形态特征（唐明 摄）

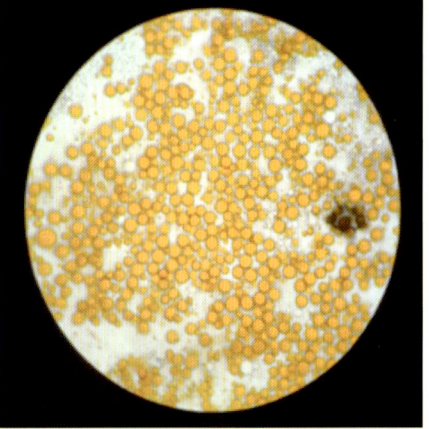

图5-3-13 紫苏锈病症状（左图）及其病原菌孢子形态（右图）（李莉 摄）

图6-1-1 凤仙花白粉病症状（左图）及病原（右图）（李莉 供）

图6-2-1 月季白粉病症状（董万鹏 摄） 　　图6-2-2 月季黑斑病症状（董万鹏 摄）

图6-2-3 杜鹃煤污病（李莉 摄）

图6-2-4　海桐煤污病（安妮 摄）

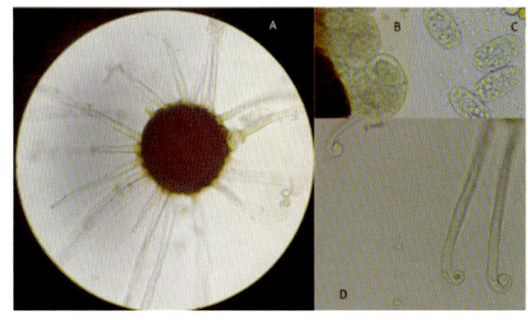

图6-3-1　黄栌白粉病（刘滕 摄）　　图6-3-2　黄栌白粉病病原图（刘滕 摄）

图6-3-3　紫荆角斑病（李莉 摄）

枝条症状　　　　　　　　　　　果实症状

图7-2-1　火龙果溃疡病症状（郑伟 摄）

初期症状　　　　　　　　　　　后期症状

图7-2-2　火龙果茎腐病症状（郑伟 摄）

枝条初期症状　　　　　　　　　枝条后期症状

果实症状

图7-2-3　火龙果炭疽病症状（郑伟 摄）

叶片症状　　　　　　　　　　　　　　果实症状

图7-2-4　柑橘溃疡病症状（韦党扬 摄）

病树　　　　　　　　　　　　　　病叶和病果

图7-2-5　柑橘黄龙病症状（韦党扬 摄）